@所有人：让建筑更聪明

谈材说料　编

中国建材工业出版社

图书在版编目（CIP）数据

@所有人:让建筑现聪明/谈材说料编. --北京:
中国建材工业出版社，2019.4

ISBN 978-7-5160-2532-1

Ⅰ.①所… Ⅱ. ①谈… Ⅲ. ①智能化建筑 Ⅳ.
①.TU18

中国版本图书馆CIP数据核字（2019）第067647号

@所有人:让建筑更聪明

谈材说料　编

出版发行：中国建材工业出版社
地　　址：北京市海淀区三里河路1号
邮　　编：100044
经　　销：全国各地新华书店
印　　刷：北京雁林吉兆印刷有限公司
开　　本：850mm×1168mm　1/32
印　　张：3.875
字　　数：70 千字
版　　次：2019 年 4 月第 1 版
印　　次：2019 年 4 月第 1 次
定　　价：68.00元

本社网址：www.jccbs.com，微信公众号：zgjcgycbs

序　言

叶耀先

叶耀先，主要从事地震防灾减灾、可持续建筑和可持续城镇化研究；中国建筑设计研究院顾问总工程师，教授级高级工程师，中国可持续发展研究会理事，房地产估价师，英国皇家特许建造师，秘鲁工程师学会名誉会员，享受国务院特殊津贴。

本书是中国建材工业出版社为2019年4月26日在北京举办的第二期建筑节能跨界沙龙编写的，内容聚焦建筑节能，兼论装配式建筑和绿色建材。4月12日中午，王天恒发来微信，希望我在周末几天为本书写个序言，并在当日下午送来108页的书稿，读后感慨良多。

首先是精心策划，确定以建筑节能为本书中心议题，正合当前国际和国内时宜。一是因为人类为了生存和过上更美好的生活，长期以来，借用儿孙的地球，毫无节制地过度开发，对环境破坏的规模已经扩大到地球尺度。二是长期以来，人类大量耗用化石能源，排放二氧化碳等温室气体，引发的气候变化将对人类生存构成前所未有的威胁。三是根据国际能源署和联合国环境署2018年报告，2017年建筑和运营能耗占最终能源使用量的36%，仍然是耗能大户，而且建筑业能源使用量还在持续增长，人口和建筑面积的持续增加是建筑能源需求上升的主要因素，供暖、照明和家庭烹饪是增长最快的建筑终端耗能。四是2015年以来，建筑业与能源相关的CO_2排放量尽管仍占全球排放总量的最大份额（40%），但已趋于平稳。随着清洁能源转型，未来的排放量将会持续下降。五是我国节能减排情况虽然和上述世界情况大体相同，但我国建筑能耗水平低，人均用能只是美国的1/7，欧洲的1/4，加之近来二三线城市落户政策逐步开放和利用集体土地建设租赁住房进入实施阶段，会导致城市人口和建筑面积增加，必然引发更多的建筑用能需求。

其次是“谈材说料”的王天恒、杨娜、王萌萌、张巍巍和常晓宇等5位编辑不辞辛苦，在较短时间找到9位知名专家，并采访整理成9篇文章。其中涉及建筑节能的6篇，包括卢求的《绿色建筑的前世今生》，陶光远的《我从能源系统的角度谈建筑节能》，许武毅的《Low–E 玻璃与建筑节能》，庄虹的《传统建筑与低碳建筑技术的认识及实践》，徐锋的《建筑师眼中的建筑节能》，以及魏贺东的《有长期入住的体验才能造出优质的被动房》。涉及装配式建筑的包括杨思忠的《装配式建筑创新与发展》1 篇和前述卢求的《绿色建筑的前世今生》一文的一部分。涉及绿色建材的 2 篇，包括崔源声的《水泥工业的五大革命》和蒋荃的《绿色建筑并不是绿色建材的堆砌》。9 名专家的建言和体会，率真求实求是，实在难得。

第三是书中诸多内容发人深省，颇有启迪，是一本业界人士值得花一点时间阅读的好书。

建筑节能一直是我国建筑业重点关注的领域。现在所说的节能百分之几，是以当地 1980—1981 年住宅通用设计能耗水平为参照值的。1986—1995 年要求新建采暖居住建筑在 1980—1981 年当地通用设计能耗水平基础上普遍降低 30%；1996—2004 年要求在达到上一阶段要求的基础上再节能 30%，即总节能 50%；以后又要求总节能 65% 和 75%。建筑节能现在又有了走向低能耗、超低能耗和近零能耗的趋势，而且注意和以前的节能标准相衔接。还明确，低能耗建筑是能耗比现行建筑节能标准降低 25% ~ 30% 的建筑，按照 2018 年严寒、寒冷地区城镇新建住宅节能 75% 标准设计的建筑就是低能耗建筑；超低能耗建筑是能耗比现行节能标准降低 50% 以上的建筑。近零能耗建筑是室内环境参数和能耗指标满足《近零能耗建筑技术标准》（GB/T 51350—2019）的建筑，这个新的标准将从2019年9月1日起实施。

《近零能耗建筑技术标准》的参编专家卢求指出：从技术层面分析，我国的《被动式超低能耗绿色建筑技术导则》和《近零能耗建筑技术标准》充分参考了德国被动式超低能耗建筑标准，主要能耗指标同德国标准基本一致，某些指标还高于德国标准的要求。被动式超低能耗建筑特别适合同德国气候条件相近的华北地区，南方地区需要经过实践和技术完善以后，才宜大规模推行。上述标准的参编专家魏贺东常去德国交流被动房技术，他分析了我国被动房所处情况和德国的差异：如（1）我国幅员广阔，东北寒冷，南方潮湿，而德国国土面积35.7万平方公里，是我国的3.7%，接近我国的云南省（39万平方公里），以温带气候为主；（2）我国集合住宅内部有分户分隔，不能像德国按整个建筑作为一个围护结构计算能耗；（3）我国有许多德国没有的情况，如高层住宅空置率高，有“蹭暖气”情况；多数住宅小区的单元门，并非总在关闭；各地生活习惯差异大，不同人群室内适合温度也不相同；厨房煎炒烹炸较多，必须有抽油烟机，需要补风等等。他强调，一定要建造适合我国国情的被动房。其实，德国全年最高温度在20～30℃之间，最低温度在-10～5℃之间，冬季无寒冬，夏季无酷暑。而我国幅员广阔，既有严寒，又有酷暑，国土面积比德国大26.9倍，《被动式超低能耗绿色建筑技术导则》和《近零能耗建筑技术标准》充分参考德国被动式超低能耗建筑标准，主要能耗指标同德国标准基本一致，确实让人有一点想不通。陶光远是欧洲能源管理师，是一直从系统工程角度看建筑问题的专家。他指出：建筑节能以后情况会发生很大变化，从前是一个单体，现在是一个系统；不用化石能源只能采取节能和使用可再生能源两个手段；如果在建筑节能的基础上再加上风光电就可以完全替代化石燃料，德国能源署在风光电降价后提出“建筑节能标准应该略微降低”，所以中国被动房最合适的节能标准不是90%，很可能大多数应该是80%。他认为，建筑节能和风光电、地热等可再生能源，以及工业余热紧密地联系在一起，建筑就不需要做得太节能，如果河北把所有的工业余热集中起来，根本就不需要用其他能源采暖。**他们说的都是大实话，值得玩味思考。**

装配式建筑有钢、木和混凝土建筑三种。钢材只能在高温下铸造成型，木材只能在自然界生长，用钢、木盖房子，只能先在工厂里把钢材或木料制成构件，再运到建筑工地装配成建筑，只能装配，不可现浇。唯有混凝土建筑，由于混凝土能在常温下浇注成型，既可以在建筑工地浇注成建筑，也可以在工厂预制构件，再运到工地装配成建筑。

混凝土建筑是我国城镇应用最多的建筑类型。1949年新中国成立后不久，现浇和装配式混凝土建筑同期降生。20世纪70年代，两者发展势头都很好。1992年装配式混凝土建筑因“竞赛”失利和存有缺陷“死去”。此后，现浇混凝土建筑发展成为我国应用最广、最为成熟的工业化建造体系，市场份额占80%以上。2016

年，在装配式混凝土建筑断档二十多年以后，国务院决定大力发展装配式建筑，装配式混凝土建筑开始“起死回生”。近年来，推行装配式混凝土建筑，特别是混凝土剪力墙建筑，地方政府发文，给予补贴和提高容积率等多种优惠措施，但效果并不很理想。发展装配式混凝土建筑是建筑业转型升级、供给侧结构性改革和建设创新型国家的需要，方向是完全正确的。但是，建筑界和社会上很多人士并不理解，主要原因：一是国际上先有装配，后来被现浇超过，但装配继续发展，没有“死去”；二是我国装配和现浇同期诞生，后来装配被现浇超过，在装配“死去”二十多年，准备不足的情况下，走上了“起死回生”的道路；三是我国现在大力发展装配式混凝土建筑的手段并非是抓技术创新和成本－效益提升，而是聚焦发展装配式建筑，政府发文，有指标，有补贴，有优惠；试图改变“大多仍以现场浇筑为主”的局面；四是以装配式建筑面积在新建建筑面积中的占比和装配率作为推进指标，而这两个指标同技术创新和成本－效益提升关联很少；五是设计和施工采取“等同现浇”原则，采用现有的材料和技术，国际先进的装配式混凝土建筑的优势不能发挥出来，致使经济、安全性能，以及建筑高度、抗震等级等建筑性能指标都不如现浇。现在推行的不是国际先进的装配式混凝土建筑，而是一些指标不如现浇混凝土的装配式混凝土建筑。这样推行下去，面临三个风险。一是装配式与现浇混凝土渐行渐远，同装配与现浇相结合的国际发展趋势背道而驰；二是装配式混凝土建筑发展创新动力不足，成本－效益和安全性不如现浇的状况仍将持续；三是国际先进的装配式混凝土建筑的真正优势不能发挥出来，我国装配式混凝土建筑已经落后30年的状况难以改变。

卢求指出：德国不追求装配率，也没有政策鼓励，最核心的是在保证质量的前提下降低成本；推广装配式建筑阻力较大可能是由于建造成本增加、建造过程复杂、设计施工环节多、未给开发商带来直接利益、建筑造型容易单调、混凝土构件接缝容易出现渗漏、标准规范某些方面过于保守、难以满足成本控制和工期要求等；现在国家补贴力度很大，但这肯定不是长久之计，必须做到技术过硬，满足市场需求，才能进入良性循环。他的话一针见血，语重心长。

绿色建材是从"绿色材料"和"生态环境材料"演变而来，前者是"原料采取、产品制造、使用或再循环，以及废料处理等环节中对地球环境负荷最小，且有利于人类健康的材料"，后者是"同时具有满意的使用性能和优异的环境协调性能或能够改善环境的材料"。崔源声是国家建材情报研究所首席专家，中国被动式集成房屋材料产业发展联盟主席。他提醒：建材工业的主体——水泥工业，正在发生利用废弃物燃料，立窑低温煅烧和超细粉磨工艺，以及以自动化、信息化、智能化为特征的生产方式等革命性变革，我们要抓住机遇，利用和推进这些变化，生产可持续的绿色建材。但愿他的提醒早日如愿。

不论是建筑节能、装配式建筑还是绿色建材，都要重视规划

设计理念的更新。建筑规划设计的科学理念是：最大限度利用自然环境，通过自然通风、采光设计和保温隔热的外围护结构，做到冬季不需或少用暖气系统，夏季不需或少用空调系统，即可达到高度舒适。而我们有些人却提倡过恒温、恒湿、恒氧的关窗生活；许多宾馆饭店不能开窗或窗户只能开得很小；不研究城乡住宅发展方向，而是在全国疯狂建造高层住宅，三线城市也不例外，30层左右极为普遍，60层的也有；不做成本－效益分析，花上百万搞华丽的住宅小区入口；在缺水的住宅小区建设像公园一样的人工水景；在屋顶和建筑立面搞没有功能的装饰构件；误解生态、绿色，在百米高的墙面搞立体绿化，宣扬非生态的“第四代住宅”。

2002年普利兹克建筑奖得主，澳大利亚建筑师格伦·马库特（Glenn Murcutt）的话值得我们铭记：

追随太阳，

观测风向，

注意水流，

使用简单材料，

轻轻触摸大地。

叶耀先

于北京百万庄建设部大院

2019年4月16日

目　录

卢求：绿色建筑的前世今生

卢求：

德国可持续建筑委员会（DGNB）国际部董事；

德国注册建筑师；

清华大学 EMBA 班客座教授；

东南大学客座教授；

五合国际 副总裁；

最早将德国被动式超低能耗技术介绍到中国的专家之一；

住建部 2014 年颁布的《被动式超低能耗绿色建筑技术导则》的参编专家；

2017 年出版的国标图集《被动式低能耗建筑——严寒和寒冷地区居住建筑》的第一技术审定人；

住建部 2019 年颁布实施的国家标准《近零能耗建筑技术标准》的参编专家；

住建部被动式超低能耗绿色建筑评审专家；

北京市首批被动式超低能耗建筑评审专家。

卢求先生 1985 年获清华大学建筑学专业学士学位，1988 年获清华大学城市规划与设计专业硕士学位，导师是两院院士吴良镛教授，之后赴德国深造，获德国多特蒙德大学硕士学位，导师为德国著名教授、前柏林市总建筑师 J. P. Kleihues 先生，毕业设计成绩获多特蒙德大学建筑学院应届第一名。卢求先生拥有德国 14 年、中国 16 年工作经验，主持或参与了瑞士罗氏制药上海总部等许多著名项目的设计工作，具有丰富的城市规划、建筑设计及工程开发经验，是中国绿色建筑、超低能耗建筑领域知名专家，对德国建筑及技术体系有较深入的研究。

此外，卢求先生还参与了《绿色住区标准》《介护型养老设施标准》《购物中心等级评定标准》《商务写字楼等级评定标准》《江苏省体育健康特色小镇评估认证标准》《江苏省体育服务综合体评估认证标准》等多项标准的编制工作，在文化旅游、健康养老、运动休闲、商业地产、产业园区等领域的规划设计方面亦有较深造诣。卢求先生主编出版了《绿色建筑——技术体系、开发策略建立研究》等2本专著；参与了“十二五”国家科技支撑计划课题《国外既有建筑绿色改造标准与案例》《国际建筑节能标准研究》、国家重点出版图书《绿色建筑设计与技术》《低碳住宅与社区应用技术导则》、德国《Bauen in China》等专业书籍的编写工作。

谈材说料：德国的装配式建筑起源于20世纪20年代，二战结束后开始大规模建设。德国装配式建筑到目前为止是什么状态？和我国的装配式建筑的发展历程有什么区别？

卢求：德语中没有与中文“装配式建筑”完全对应的单词，最接近的词是“Fertigteilbau”直译为“预制构件建筑”，在相关专业语境里相当于我国的“装配式建筑”。

德国以及其他欧洲发达国家建筑工业化起源于1920年代，其推动因素主要有两方面。一是社会经济因素：城市化发展需要以较低的造价，迅速建设大量住宅、办公和厂房等建筑。欧美发达国家不约而同地想到了运用工业化手段，解决建筑短缺的问题，即通过工厂标准化生产建筑构件，然后运输到工地上

德国法兰克福金融区，图中可见正在运用装配式工业化技术建造的一栋高层建筑（资料来源 卢求 / 摄）

进行组装建造。这样可以在较短的时间内、以较低价格建造出较大量的居住建筑、工业建筑、办公建筑。

二是建筑审美因素：以法国建筑师勒·柯布西耶（Le Corbusier）等为代表的前卫建筑师及艺术家， 宣传摒弃古典建筑形式及其复杂的装饰，崇尚极简的新型建筑美学，尝试新建筑材料（混凝土、钢材、玻璃）的表现力。在《雅典宪章》所推崇的城市功能分区思想指导下，建设大规模现代理念指导下的居住区，促进了建筑工业化的应用。

1920 年以前，欧洲建筑通常呈现为传统建筑形式，套用不同历史时期形成的建筑样式，此类建筑的特点是大量应用装饰构件，需要大量人工劳动和手工艺匠人的高水平技术。随着欧洲国家迈入工业化和城市化进程，农村人口大量流向城市，需要在较短时间内建造大量住宅办公和厂房等建筑。标准化、预制混凝土大板建造技术能够缩短建造时间、降低造价，因而首先应运而生。

二次大战结束以后，由于战争破坏和大量战争难民回归本土，德国住宅严重紧缺。德国用预制混凝土大板技术建造了大量住宅建筑。这些大板建筑为解决当年住宅紧缺问题做出了巨大贡献，但今天这些大板建筑不再受欢迎，不少缺少维护更新的大板居住区已成为社会底层人群聚集地，导致犯罪率高等社会问题，深受人们的诟病，成为城市更新首先要改造的对象，有些地区已经开始大面积拆除这些大板建筑。

德国经过战后 40 年的经济高速发展，建筑业的现代化和工业化有了飞跃性进步。建筑各方面的性能质量有了大幅提升，包括建筑的保温隔热性能、防水防潮性能、气密性、隔声性能、室内舒适度，对建筑的个性化艺术性也有了新的要求。在这种新形势下，相比现浇混凝土建造方式，预制混凝土大板建筑造价较高，由于预制混凝土大板建筑的设计缺少灵活性，出于经济性考虑，预制构件种类又不宜过多，所以建筑外观效果难以满足人们审美和个性化需求，因此德国在 1990 年以后基本没有较大规模应用预制混凝土大板技术建造的居住区。

由于德国的人工成本非常高，混凝土施工需要有支模、拆模，这都需要很多人工费用。德国为了节约人工成本，或者为了降低整体造价，会采取部分装配式建筑的形式，广泛使用的是叠合式楼板和叠合式墙板配合部分现浇混凝土。叠合式墙板，因为安装后不用再打磨、找平，省了数道工序，成本上比较便宜。德国人不追求装配率，也没有政策鼓励，最核心的是在保证质量的前提下降低成本。

德国今天的公共建筑、商业建筑、集合住宅项目大都因地制宜，根据项目特点，选择现浇与预制构件混合建造体系或钢混结构体系建设实施，并不追求高比例的装配率，而是通过策划、设计、施工各个环节的精细、优化过程，寻求项目的个性化、经济性、功能性和生态环保性能的综合平衡。随着工业化进程的不断发展，BIM 技术得到应用，建筑业工业化水平不断提升，建筑上采用个性定制化、工厂预制、现场安装的建筑部品越来越多，占比越来越大。

我国在 1950 年代从苏联及东欧国家引进预制混凝土大板建造技术，之后用该技术建造了一定数量的多层居住建筑和工业建筑。1973 年落成的北京前三门高层建筑群是我国首批装配式高层建筑。到 1980 年代中期，中国装配式建筑发展达到一定规模，北京地区建设完成了约 1000 万平方米装配式住宅，预制构件厂的规模和生产能力达到了当时亚洲的最高水平。但到了 1980 年代末期，随着廉价劳动力涌入城市，商品混凝土兴起，现浇混凝土建筑的成本优势明显，在此后的 20 多年里现浇混凝土建筑占据了建筑市场的主流。从 2016 年开始，中国进入新一轮大规模装配式建筑和建筑工业化的推广和实践。

谈材说料：针对我国目前大规模发展装配式建筑的态势，请您谈谈您的看法。

卢求：中国从 1978 年改革开放开始，至今经历了 40 年的快速发展。在城市建设和房地产开发领域取得了举世瞩目的巨大成就。国家统计局及相关资料显示，1978 年中国城镇新建住房仅 3800 万平方米，而 1981—2017 年，全社会竣工住宅面积达 473.5 亿多平方米。其中仅 2017 年竣工住宅面积达 15.5 亿平方米。2017 年中国城镇化率达 58.52% 。城镇住房建筑面积由 1978 年人均 6.7 平方米，达到 2017 年人均 40.8 平方米，基本达到发达工业国家人均住房面积水平。因而住房城乡建设部从 2016 年开始大力推进装配式建筑政策的主要目的不是希望通过装配式建筑在短期内解决住房短缺问题。

中国当前大力推进建筑工业化和装配式建筑发展有三方面原因：

1. 过去 40 年间中国绝大多数新建建筑都延续了传统简单、粗放式的建造方式，即以现浇混凝土结构 + 人工砌筑填充墙体 + 水泥砂浆抹灰面层装饰为主的建造方式，消耗较多资源，产生较多建筑垃圾和污染，这种状况不可持续，迫切需要改善。政策制定者认为装配式建筑是从传统粗放建造方式向新型工业化建造方式的转变，有利于节约资源能源、减少环境污染；有利于提升劳动生产效率和质量安全水平；有利于促进建筑业与信息化、工业化深度融合。

2. 中国经过近40年的高速发展，经济水平大幅提高，消费者和投资建设方需要更高品质的建筑产品，由农民工按照传统建造方式建造的建筑质量水平低下，难以满足市场对高品质建筑产品需求。迫切需要现代工业化生产、高品质的建筑产品，满足绿色、人文、智慧以及宜居性的需求。

3. 业内人士逐步达成共识，发展建筑工业化和装配式建筑，是建筑业从高速增长阶段向高质量发展阶段转变的必然要求，是培育新产业新动能、促进中国建筑业转型升级的重要举措。新型建造方式是建筑业实现专业化、协作化、精细化，从粗放型向集约型转变的重要途径；是实现创新驱动、科技进步，提高建筑业全要素生产率水平的必由之路；是建筑业加快绿色化、智慧化、工业化、国际化，开启高质量发展新时代的深刻革命。建筑业通过这次革命将大大提升产品整体质量和市场竞争能力，更好地服务国内和国际市场，支持“一带一路”建设。

谈材说料：目前国内装配式建筑有哪些主要标准？为什么推广装配式建筑阻力较大？

卢求：到目前为止，我国出台了装配式建筑相关的标准规范约200项，涵盖了装配式混凝土结构、装配式钢结构、装配式木结构、装配化装修等等多方面内容。其中2016年发布的《装配式混凝土建筑技术标准》《装配式钢结构建筑技术标准》《装配式木结构建筑技术标准》和2017发布的《装配式建筑评价标准》是我国目前装配式建筑非常重要的四项标准。我是《装配式混凝土建筑技术标准》的评审专家之一。该标准的编制有200 余家研究机构和企业参与，编制过程中也有不少争议。

有业内人士认为，标准某些方面过于保守，不利于装配式建筑领域的创新。国际上发展装配式建筑主要有三方面利益驱动：降低建造成本、提高建筑质量（同时减少环境污染）、缩短施工周期，决定项目采用装配式建造方式有时是其中一项因素为主、有时是三项因素综合作用的结果，经济因素往往是决定性因素。而目前政府出于推动现代建筑产业化转型升级的战略考量，强力推进的装配式建筑，明显增加了建造成本，设计、施工环节多，建造过程复杂，未给开发商带来直接利益，因而市场上抵触情绪不少。预制混凝土大板建筑成本比现浇结构高一些，而且建筑造型容易单调，混凝土大板交接缝隙的处理是一个薄弱环节，容易出现漏水等质量问题。在一线从事具体工作的人员，每天面临项目压力，各种规范不得突破，成本控制严格，工期紧，看到的更多是推广装配式建筑面临的各种困难和问题。

建筑技术不像航天技术，大部分领域并不需要特别先进的高精尖，更重要的是“实用、坚固、美观”，其中“实用”包含建筑各项功能合理、建造及运行成本经济等因素。2000 多年前古罗马建筑师维特鲁威提出的建筑三要素并没有过时，现在增加了一项——绿色环保。推广实践装配式建筑，不能脱离建筑行业本身的特点。

理解了我国推进装配式建筑的上述三点原因，理解了国家战略层面的思路之后，再来讨论装配式建筑的问题，观点可能就会不一样了。我国大力发展装配式建筑可以推进建筑业的节能环保，促进建筑制造业产品升级，支持“一带一路”建设。

可以预见，在政策的大力支持下，装配式建筑技术将不断完善，不仅能在国内广泛应用，在培育了足够的市场竞争力之后，就有了成套装配式建造技术输出的机会，包括在“一带一路”国家建设构件厂，就地取材，建设园区、城区，带动相关制造业的输出，为“一带一路”国家带来投资和技术，创造就业机会，带动当地的经济发展，实现良性循环。

研究一项装配式技术,或者建设一个装配式建造工程项目，很可能是不赚钱的，但在全球化的背景下，在“一带一路”倡议下，它是支持我国产业输出的重要领域。现在国家给予装配式建筑的补贴力度很大，企业也有动力做，但是靠拿补贴建造装配式建筑肯定不是一个长久之计，必须要技术上过硬，满足市场需求，产品量产价格便宜了，市场才会接受，技术才能进入良性循环。

谈材说料：为什么说钢筋混凝土结构做装配式建筑比较难，它的难点在哪?

卢求：这句话是相对于钢结构来讲的，钢结构是由工厂生产出来的型材运到工地上来组装，从根本上已经具备装配式结构建筑的特点。钢筋混凝土是人类一项伟大的发明。人们将水、水泥、砂石等材料按照一定比例混合，配上钢筋，凝固之后形成人工石材，产生非常好的强度。在受力的情况下，混凝土部分承压，钢筋部分承拉，这是一个非常好的组合。而且钢筋混凝土具有耐久、耐火、耐腐蚀、防潮（防水）、隔声、热惰性等建筑上所需要的重要性能。

混凝土的特点是通过水、水泥与砂石骨料、钢筋发生化学反应之后形成一个整体，满足建筑结构和建筑物理方面的性能要求。如果要把钢筋混凝土产品拆成构件，在工厂生产到工地组装，优点是混凝土质量有保证，生产过程环保、效率高。但钢筋混凝土的质量很重，运输成本很高，吊装成本也高，组装时构件连接部位的处理非常复杂，接缝处形成结构薄弱环节，容易漏水。因为以上这些原因，钢筋混凝土结构相比于钢结构、木结构并不是特别适合于装配式建造高层建筑。某些建筑类型，例如单层厂房、多层停车库、多层酒店建筑，相对比较适宜用装配式混凝土建造方式建造。这些低层、多层建筑，建造成装配式建筑，技术上比较成熟，经济上也比较合适。在北方寒冷地区的高层居住建筑，保温要求高，钢筋混凝土建筑外墙板通常采用内叶板、保温层、外叶板这种“三明治”构造形式，自重较大，节点复杂，施工难度高，成本相对较高。

谈材说料：我国的建筑材料中，如玻璃门窗、墙体材料、保温材料、遮阳材料的生产工艺和性能指标，是否能够满足现在超低能耗建筑的要求?

卢求：2019 年年中即将实施的国家标准《近零能耗建筑技术标准》，我是参编专家之一。这个标准对未来我国建筑行业发展的影响会非常大。近零能耗作建筑技术标准含有三个重要的概念：一是被动式超低能耗建筑，二是近零能耗建筑，三是零能耗建筑。标准对这三种建筑做出了明确的定义。达到被动式超低能耗建筑节能标准是实现近零能耗建筑的前提条件。零能耗建筑是指建筑本体必须达到超低能耗建筑节能水平，其运行所需要的能源全部由太阳能等可再生能源提供。建筑本身光伏发电设施的产电量要等于或大于建筑本身能源的需求量。世界上许多发达国家都在进行近零能耗建筑的研究推广工作。美国、德国、日本、韩国等国家确定了各自的近零能耗建筑发展战略。

我国的建筑材料能不能满足超低能耗建筑、近零能耗建筑、零能耗建筑呢？先说被动式超低能耗建筑，我国现在可以生产绝大部分被动式超低能耗建筑上所采用的建筑材料、建筑物品和建筑设备，部分产品可由在我国建厂的合资企业、独资企业生产提供。还有一些用量小但技术含量较高的产品，目前国外进口产品质量上还有优势，像有些高性能保温玻璃的封边材料（暖边）、提升外窗与建筑连接处气密性所需的防水隔气膜、防水透气膜等。

谈材说料：2015 年，住房城乡建设部印发了《被动式超低能耗绿色建筑技术导则》，您的文章分析说，这个标准瞄准了世界最先进的水平。被动式建筑诞生在德国，但是我国这个标准中，有的指标竟然高于德国的标准，这么严格的要求对我国刚刚兴起的低能耗建筑的发展会有怎样的影响呢？

卢求：当时在编写此技术导则时，考虑到我国的经济和技术水平，我曾经提出我国被动式超低能耗建筑应分为三个不同的层次，分别是先导型、示范型和认证型。因为我认为德国的被动房标准比较高，如果我国一开始就设定这么高的标准，可能市场难以接受，后续推广工作也较难开展。2015 年是中央高层领导国际化战略思想开始发生变化的时候，住房城乡建设部相关领导主张我们的行业发展要瞄准世界先进水平，不能在标准编制时还跟在别人后面。我们要做世界上最先进的标准，而不是还要照顾国内现在某些落后的技术和企业，标准要有引领作用，要带动产业升级，我们要有自信心，在技术层面上我们要有底气、有骨气。这是在标准编制领域指导思想的一个很大转变，我开始提出的三个层次的设想，超低能耗建筑技术水平最高级别是“认证级”，技术水平同德国看齐或者在某些方面超过他们，达到这一水平，可获得认证；中间的级别是“示范性项目”，项目的技术指标可能比德国的差一点，但适合中国的情况，开发商需要在节能和提升建筑产品质量方面做很多工作；

最低级别是开发商垫垫脚能够到，政府没有什么经济奖励，最多给项目挂个牌，称为“先导性项目”，鼓励更多的开发企业参与。后来经过会议讨论，住房城乡建设部相关领导否定了这种分层次的做法，称必须一步到位，和国际接轨，甚至要领先。从 2015 年开始，我们明显地感觉到高层领导转换了思路，认为不能像以往那样总想着照顾这个照顾那个，如果让企业垫个脚能够到，产业怎么升级？发展装配式建筑很重要的原因，就是要淘汰落后产业、落后产能，把标准提高，企业不行就关门，这样才能推动产业升级。

从技术层面上分析，实际上我国的《被动式超低能耗绿色建筑技术导则》和《近零能耗建筑技术标准标准》充分参考了德国被动式超低能耗建筑的标准，主要能耗指标与德国的标准基本一致，这样设定有利于国际间对话交流，我国的标准仅在某些指标的要求上高于德国标准要求，有些地方还低于德国标准，例如在夏热冬冷地区，我国标准要求建筑供暖年耗热量 $\leqslant 5kWh/(m^2 \cdot a)$， 这一数值比德国标准更严格；而在计算能耗时夏季室内温度取值我国是 26℃，德国是 25℃，按照德国标准计算，要达到相同的能耗指标，对建筑品质的要求更高。因此不宜说我国超低能耗建筑标准高于德国标准，正确的说法是我国标准中某些指标高于德国相应的指标。

对于超低能耗建筑，采用不同模拟软件和不同边界条件计算，其计算结果差别很大。传统建筑因为能耗很高，这些差别不太明显，但是在被动超低能耗建筑中，这些影响会非常巨大，相差 30% 以上都有可能。我国的标准中室内舒适度是比德国略低，比如空调设计温度，夏天我国要求 26℃，空调温度相差一度，致冷能耗会相差 7% ~ 10%。我们的设计温度是 26℃，德国的设计温度是 25℃，我们的能耗自然就比他们低。德国被动房标准中可再生能源消耗量为≤ 120kWh/(m^2·a)，是包含室内所有用能设备的，电视、电脑、烤箱等都包括在内。而我国这一项指标值为≤ 50kWh/(m^2·a)，只包含建筑供暖、空调及照明，不包含炊事用能和插座用能，所以，“我国被动房建筑能耗只有德国被动房能耗的一半”的说法是片面的。

另外，超低能耗建筑的全年能耗指标是指在限定工况条件下的能耗指标，类似汽车的百公里油耗指标。同一辆汽车、不同的驾驶员，百公里油耗不一定一样。一辆厂家标称百公里耗油 8 升的汽车，如果一个年轻人开，猛加速、急刹车，其油耗肯定不止百公里 8 升。同样一套被动房，房屋中生活着两个老人或者两个年轻人，情况完全不一样。年轻人回家，屋子灯全开，电视、电脑不停，冬天室内温度喜欢调得较高，能耗肯定比两个老人居住所需的能耗高出很多。

我国较严格的被动房标准，客观上有力推动了建筑产业的升级，特别是我国门窗的节能性能与品质近年来有大幅提升。由于政府大力推广和施行补贴政策，我国华北地区超低能耗建筑发展非常迅速。南方地区也在积极跟进，由于气候条件等客观因素，被动式超低能耗建筑在南方地区还需要一定时间的实践和技术完善之后，才适宜大规模推广。

德国海德堡列车新城，世界上已建成的最大被动房项目（卢求 / 摄）

谈材说料：您的文章说，2020 年我国将是世界上建造超低能耗建筑面积最大、数量最多的国家，但是对普通老百姓来讲，感觉还是挺遥远的。

卢求：其实并不遥远。北戴河冬天的温度比北京还低。在德国方面的指导下，当地开发商建设的我国首个较大规模超低能耗地产开发项目“在水一方”小区，销售得就很好。该项目 2016 年竣工验收，冬天不用供暖，能保证室内温度达到 20℃。这个项目成功之后，给业内很大鼓舞，很多地方都开始建造被动房，包括高碑店正在建设的 100 多万平方米超低能耗地产开发项目，北京地区也有成功的项目。

“被动房”这个词语是德国被动房研究所提出的，是受保护的专业名词。我国称为“被动式超低能耗建筑”。从技术层面上说，要达到冬天不需要供暖的程度，我国的技术已经完全能做到。大家也都深有体会，现在新买的房子，像万科、金茂这类品牌开发商建造的较高档次的住宅，基本上都使用三层中空玻璃，外墙保温层也比较厚，有新风系统，朝南的房间冬天白天阳光照射，屋里有一两个人活动，不采暖可以达到20℃。

建设被动房第一步是把建筑外围护结构保温做好；第二步是提升建筑门窗的气密性，以往房子的门窗冬天透风，能量损失严重；第三步是设置新风系统。建筑内部需要通风换气，以排出污浊有害的气体，以往门窗不严密，通过门窗缝隙自然通风换气实现，被动房的气密性大大提高，因而通风换气需要通过专门的技术设备实现。

要进一步降低能耗，一项重要技术是新风热回收技术。冬天室内温度20℃，室外空气温度可能是-10℃，外边-10℃冷空气直接吹进来，室内人受不了，此时可以利用排出的20℃空气对新风进行预热。夏天也类似，室外特别热的时候，热空气进来需要预冷一下。严格来讲，被动房就是一个空调房，但不需要传统意义上的采暖和空调，要维持室内的舒适度，只需要一点点能量，这点能量就是通过对新风的预热和预冷。被动房技术已经很成熟了，特别适合于华北这样气候类似于德国的区域。在这个气候带上，被动房应用很有潜力，经济效益也非常好。

我国气候范围比较广泛，哈尔滨所处的严寒地区问题就更复杂一些。外面的温度太低了，空气源热泵冬天运行要除霜，能耗相对较高，有一些技术问题需要解决。长江中下游地区也比较适合建造被动式超低能耗建筑。我国长江中下游地区冬天没有采暖，常规建筑室内舒适非常差度。建造被动房，冬天室内温度可以达到 20℃，舒适度大大提高。长江中下游地区湿度较高，为提高室内舒适度，需要除湿，除湿需要额外的能量。

谈材说料：您说过，超低能耗建筑都是新建建筑，我们现在还有大量既有建筑，这些建筑能否改造为超低能耗建筑呢？

卢求：我国的《近零能耗建筑技术标准》是适用于新建建筑和既有建筑改造的，但是既有建筑怎么做，怎么认证，目前的标准上还没有来得及深化。德国的被动房标准做得比较深入一些。德国的既有建筑中有很多是受保护的历史建筑，建筑外观是不能改动。在德国既有建筑是可以改造为被动房的，但是既有建筑被动房标准比新建建筑的标准低一些。我国的既有建筑被动式超低能耗改造，我认为也会走这样的路线，技术路径和新建建筑一样，在特定的历史建筑上或因建筑现状所限制，不能完全达到新建建筑那么高的水平，部分指标可以适当放松。

谈材说料：您在德国学习、工作了将近 15 年，德国在城市规划建设方面值得我们借鉴的地方是什么呢？

卢求：德国在城市规划和建设方面值得我国借鉴的地方很多。城市历史空间和文化遗产的保护是一个大课题，我国现在比较关注的是新农村建设和中国传统文化的保护和发扬，但在保护层面基本上局限在古建筑的保护上。德国在历史延续性方面一直都做得比较好，在历史文化的研究和继承方面一直是非常严谨，非常系统。二战之后，新的经济体系建立起来，国家制订了新的法律法规，保护城市空间中的建筑、街道等，还有相应的财政拨款和教会资助。德国城市规划的理念比我国先进许多，而且是成系统的。

我国也逐渐在接受西方在城市规划方面的优点。我国之前对历史建筑的“保护性破坏”是非常严重的，比如重修一处历史建筑，结果修完之后，历史遗存遭到破坏，完全成为了一个新的建筑。有关城市历史与空间肌理保护方面，我国在规划理念、相关制度与法律及社会民众的接受度方面，和德国还有很大的差距。但也不应否认，我国已取得了明显的进步，古建筑修复、历史文化的保护，都需要资金的支持。但是在有了经济基础之后，一定要避免对古建筑的保护性破坏。

另外一个问题是大规模的城市化建设对历史遗迹、空间记忆的破坏，不是说只有古建筑本身需要保护，整个街道的空间、尺寸都是有保护价值的，在开发的时候应该非常审慎地研究，而不是简单地推倒重来。

此外，德国的可持续城市开发建设经验也值得我国学习借鉴。德国海德堡列车新城是世界上已建成的最大被动房项目，该项目不仅在被动房领域获得世界瞩目，在可持续城市规划开发、海绵城市建设等方面也取得突出成就。该项目在城市空间规划、交通规划、能源规划、被动房建设、动植物保护规划等诸多方面值得我们研究学习。有关这一项目的详细情况可参考我 2019 年 2 月发表的一篇论文《德国海德堡列车新城被动房城区规划建设研究》（http://www.sohu.com/a/295048727_649968）。

德国海德堡夜景，世界上已建成的最大被动房项目；列车新城在图片中心远处依稀可见（卢求 / 摄）

现在我国的建造、制造能力非常强，在超高层建筑建造技术等方面甚至已经超过了德国。在一线城市重点项目上，想要建设出像德国那样高水平的建筑，是完全有能力做到的。但是在众多的三四线城市和广大的欠发达地区，我们的建设水平和德国相比差距明显。我国在很多重要规划建设决策方面容易受到非理性思维的影响，我们应该向德国人学习理性的决策方式和科学的工作方式。

列车新城安朗安格大街具有雨水调蓄功能的景观系统（卢求 / 摄）

谈材说料：近年来，在我国的新农村建设中有很多装配式建筑的应用，请您谈一下您的看法。

卢求：在新农村建设中，国家希望通过城乡之间的交流把城里先进的理念、资金带到农村落后地区，支持农村可持续发展。这里有几个核心因素，一个是理念，一个是资金，一个是人才。无论是欧美还是日韩的成功经验，都是有不同路径、不同案例，但是通常都有几个方面。

首先，发展农村一定要有相对应的产业。像以色列那样的小国，农业是世界上最发达的国家之一，精确的灌溉技术、种植技术使农村通过种植农作物提高了生产效率，进而提高了农民的生活水平，这是最绿色环保的一种方式；另外一种方式是城里持有技术的机构或个人去农村办产业，利用农村的土地和廉价的劳动力，生产与当地资源相匹配的产品，经济效益会比较明显，例如特色小镇的建设。有了经济效益之后再来改善当地的基础设施，包括通讯、交通、卫生、绿化环境等。

第二类是以文化旅游为主，装配式建筑就涉及这一点。很多大城市周边都有一些旅游资源。随着民众收入水平的增高，休闲需求也大大增加。一些小城镇容易发展成为旅游观光型小镇。由于自身条件的限制，轻钢结构、木结构装配式的小房子，比较适合来做度假屋等旅游接待服务设施，建设速度比较快，对自然环境的破坏比较小，成本可控。而且乡镇有些用地不允许做永久性建筑，所以有不少旅游度假村镇采用装配式建筑，既有特色，建设速度又快。文化旅游项目的规划设计也是我们公司一个重要的业务板块，像江苏东方盐湖城，从规划到单体建筑设计，我们都做了大量工作。

需要提醒注意的是，此类旅游特色小镇，应该挖掘和发挥当地的传统建筑特色文化，而不应过多地追求现代化和装配式。去旅游的民众都是想体验当地特色，建筑最好是应用当地传统的建筑材料、传统的建筑方式、传统的建筑语言和符号来做，而不是片面地追求现代化和高装配率。

谈材说料：您写的文章涉及的领域特别广，请您就室内空气污染源的问题谈谈您的看法。

卢求：首先，现代人在建筑室内的时间比较长，所以受污染的潜在危险就比较大。其次，除大气环境中雾霾进入室内造成的污染外，室内空气污染主要有三类来源：第一类是由各种建筑材料所释放的有害物质；第二类是微生物等有害物质，如有害的霉菌、病菌等；第三类是下水管道的串味和厨房里产生的油烟等。

我们重点谈建筑材料方面的污染，建筑材料的污染主要来源是加工建筑材料时加入的各种化学添加剂，添加剂广泛用于建筑涂料、粘合剂、板材、地毯等装修材料中，这些添加剂能够有效改善建筑材料的性能，但添加剂中的甲醛、苯等挥发性有机物（volatile organic compounds 简称 VOC）常温下能够挥发释放到空气中，达到一定浓度之后对人体非常有害。

发达国家对室内污染物控制有较严格的标准。很多人说我国此类标准门槛太低，需要大大提升。其实标准的提升，和社会经济因素密切相关。标准提升很容易，如果标准要求过于严格，利用现有设备、制造技术、加工工艺生产的产品达不到标准要求，产品不能进入市场，工厂可能就要关门，带来大量就业问题、社会问题。因而这是一个复杂的问题，考验政策制订者、标准制订者、生产企业以及消费者利益代表机构各方面的智慧，制定治理室内空气污染的解决方案。

对于建筑室内装修，避免有害物质、挥发物质超标的方法之一，是在确定设计方案时，避免过多使用同一种类型的挥发性材料，如大面积使用同一种板材。因为这种材料本身可能是达标的，但是如果用量大的话，叠加之后所释放的有害物质可能会超标。

谈材说料：请您介绍一下五合国际的业务板块。

卢求：五合国际是洲联集团中的规划设计板块品牌。洲联集团(Werkhart Group)是一家提供绿色城市综合服务的著名跨国机构，为城市开发与更新和房地产行业提供全产业链的技术与顾问综合服务，主要业务范围包含投融资策划、规划设计和绿色技术三大板块，对应的子品牌分别是五合智库、五合国际和洲联绿建。

上海五合智库投资顾问有限公司(简称“五合智库”，WISENOVA)以国际先进技术平台、房地产研究平台、规划与建筑设计平台、金融投资咨询平台以及商务合作平台，提供“一站式地产顾问服务”。公司业务包括区域发展顾问、投资策略顾问、融资顾问(财务顾问)、战略并购、全案策划、阶段性(市场分析、产品定位)策划、项目前期可行性分析及地产招商顾问等多个房面，擅长体育小镇、体育综合体顾问策划服务。

五合国际(5+1 Werkhart International)作为创新、严谨、专业的国际化设计机构，连续数年入选境外驻我国设计机构综合实力前十强，是德国可持续建筑认证标准（DGNB）在我国的首家签约合作机构，率先在业内提出“5+1”服务模式，以规划建筑设计为龙头，整合城市规划、建筑设计、景观设计、室内设计、可持续设计五大类专业技术，并提供市场分析及产品策划增值服务及设计总包业务。

五合国际具备国际先进的规划设计理念，拥有一支既有优秀创意表现能力，又熟悉我国市场默契配合的设计团队。公司已经取得建筑甲级、规划乙级、风景园林乙级等设计资质，并通过 ISO9000 质量管理体系认证。

五合国际在城市规划及城市设计、旅游及特色小镇、产业园区及企业总部、酒店及度假设施、医疗健康及养生养老、体育与娱乐设施、办公及商业综合体、高端住宅及别墅、绿色可持续等领域的规划设计方面独具专长、引领市场，具有卓越的市场研发、产品创新能力和丰富的施工图设计经验，设计完成了一大批有影响力的项目。

洲联集团近 20 年来一直致力于绿色可持续城市规划及建筑理念与技术的研发与工程实践，洲联绿建（Werkhart Sustainable）承担集团该板块的主要业务服务，完成了包括瑞士罗氏制药上海总部园区、合肥大剧院、三亚海棠湾国际购物中心、南京锋尚、杭州武林府、南京天加总部等一大批知名绿色低碳工程项目，部分项目获得绿色建筑三星认证和美国 LEED 金级认证。

中节能（临沂）生态循环产业园，入选全国首批循环经济示范园区项目

洲联集团－五合国际近年来和我国节能环保集团展开多方面合作，为中节能集团在北京、石家庄、临沂、成都等地项目提供绿色环保总部基地、循环经济产业园的规划设计服务，努力为我国的绿色发展贡献一份力量。

卢求先生与“谈材说料”团队合影

（采访整理：王天恒　张巍巍）

陶光远：我从能源系统的角度谈建筑节能

陶光远，1979 年本科毕业于陕西机械学院（现西安理工大学）自动控制专业，1983 年获清华大学系统工程专业硕士学位。后在中国科学院应用数学研究所工作，并在国家经委（现国家发改委）综合运输研究所兼职。1988 年赴德国，在柏林工大进修学习，曾任纽伦堡的德中经贸合作中心副总经理。2009 年获“欧洲能源管理师”证书，并受“欧洲能源管理师”

全球培训联盟委托担任中国培训项目负责人。2011年10月起，在德国能源署与中国可再生能源学会合作成立的中德可再生能源合作中心担任执行主任职务。

谈材说料：请您介绍一下您和被动房的渊源。

陶光远：1983年，我在系统工程专业研究生毕业时的论文题目是《上海黄浦江污染治理》，是站在系统工程的角度来分析上海黄浦江污染。在之后三十多年的工作生涯中我的基本领域有三个：交通运输、环保和能源，所以我一直是站在系统工程的角度来看环境问题，来看建筑问题，与各个专门领域的专家看这些问题的角度不太一样。2004年，我开始给德国能源署当代理，到了2011年的时候，我成为了德国能源署驻中国的代表。从2004年我当代理的时候，我们已经和住房城乡建设部开始合作，希望能推动被动房产业的发展。通过4年的努力，到了2008年签了第一个被动房咨询合同，是秦皇岛的“在水一方”。第一个非住宅的被动房项目是在河北省住建厅的建筑科学研究院，建了一个科技楼被动房。这两个项目我都有参与。

谈材说料：德国在建筑节能领域一直走在前面的原因是什么？

陶光远：现任德国总统施泰因迈尔对气候非常感兴趣，早年他在下萨克森州州政府工作时，与当时任下萨克森州能源署的署长（后来任德国能源署署长）科勒先生非常熟悉。2014年，施泰因迈尔访华期间得知科勒在河北石家庄建被动房，他带着德国的记者团队去参观德国能源署的项目。但是恰巧那一天，石家庄的雾霾极为严重，结果德国记者在德国报纸上报道后，又被国内报刊转载，这也督促着我们加强对空气、环境的治理。

从本质上来讲，我们每次进入采暖季，雾霾就特别重。我们应该承认冬季的空污染源，一个是散煤，一个就是各种各样的燃煤锅炉。燃烧化石能源对空气有污染是肯定的，只是多少而已。最好的治“本”之策就是不用化石能源。不用化石能源后只能采取两个手段：一个是节能，一个是使用可再生能源。

20 世纪 90 年代的时候提出被动房理念，用被动房理念建造的房屋在采暖季节能达到采暖节能 90% 以上，剩余的 10% 缺口可以用生物质、电、天然气等清洁能源来补充。

现阶段德国二氧化碳减排标准是以 1990 年的二氧化碳排放为基准，要求到 2050 年二氧化碳的排放量比 1990 年的水平低 80%。那么减排靠什么？ 80% 的减排量中，50% 是靠节能，30% 是靠可再生能源。可再生能源包括风电、光伏、水电、生物质。在德国的 38% 靠可再生能源的减排中，水电是原来已经有了，新增项目里没有水电，所以它的 38% 减排里 25% 左右是靠风光电，其余是生物质和水电。但是在靠节能减排的 50% 里，建筑节能大概占其中的一半，也就是到 2050 年二氧化碳要想减排 80%，其中超过 20% 要靠建筑节能。计算一下得出：建筑节能减下来的二氧化碳排放接近于风光电减排的总和，所以德国气候保护项目的重中之重是建筑节能。

谈材说料：请您分析一下建筑节能在整个社会发展系统中的位置。

陶光远：现在的建筑节能不能仅仅是节省能耗，也应该成为治理大气污染的主力军，当然用时比较长，但这是治本之策。具体的实施，第一要提高新建建筑的标准，第二要大规模开展既有建筑的节能改造。这是一件非常耗费劳动力的事，即产生大量的就业，也可以拉动经济增长。如果让我给政府提一个建议，那就是应该用提高建筑能效、加强气候保护和环境保护作为拉动经济增长的方式方法。1 平方米的既有建筑改造需要几百块钱，我们现在有一百多亿平方米的建筑冬季需要采暖，如果将大量的投资投入到这个方面，就能拉动中国经济几万亿元人民币，同时气候和环境都得到了保护，还能创造大量的农民工就业。在"谈材说料"的沙龙上我就要讲一讲这方面问题。以前的会议上，我从被动房扩大到园区，园区内容中包括了可再生能源和电动汽车，现在要将两者联系在一起，成为园区的一部分，但是建筑节能始终是最重要的一部分。

站在政治和经济的角度讲，既有建筑的改造既能做到环境保护、气候保护、拉动经济，又能解决大批的农村劳动力。现在的既有建筑中需要采暖的建筑是一百多亿平方米，平均改造费用 300 元 / 平方米，如果改造成被动房级别大概是 700 ~ 800 元 / 平方米，如果按平均费用 500 元 / 平方米来计算，大概会产生 6 万亿的投资需求。这 6 万亿需求需要多长时间投下去？国家经济下滑一点，就把这部分提高点；国家经济上升了，就把这部分减少一点，这样环保问题解决了，经济问题也解决了，而且这个钱不是投下去回不来，冬季采暖费就会节省出来，污染物排放的减排则是永久性的。比如我国的新建建筑一年十几亿平方米，现在的建筑多数都需要做保暖，南方也需要做保暖，如果一平方米多投入 300 元，需要多投入 3000 多亿，这个钱在未来的 10 ~ 15 年之内是可以收回来的。

如果在建筑节能的基础上再加上风光电就可以完全代替化石燃料，这也是德国能源署在风光电价格降低以后提出“建筑节能标准应该略微降低”的原因，因此我们说在中国，被动房最合适的节能标准不是 90%，很可能大多数应该是 80%。当然同时也根据建筑的复杂度来考虑，比如说住宅的建筑节能比较容易，办公楼的建筑节能不太容易，这样的话可以考虑建造办公楼时约 70% 节能就足够了，建造住宅楼时节能则需要达到 80% 左右。这时候像办公楼等一些比较漂亮的全玻璃建筑，就可以设计成节能 70% 左右，剩下的部分利用可再生能源做补充，包括储热、大比例地利用风光电等。

谈材说料：在设计和使用时，建筑节能和可再生能源如何配比更合适？

陶光远：可再生能源价格降低了，不污染环境，不对气候产生影响，又可以减排，同时建筑节能也可以减排，这时候就需要找到两者之间的一个平衡点，处在这个点时建筑物可以实现以最低的成本并产生最好的节能价值，因地制宜。

比如说在河北张家口或者内蒙古一些地区，冬季风大，可以大量产生风电，设计时我们可以使可再生能源的使用量提高一些；如果这个地方特别冷、耗能特别高，这时建筑节能就划算一点，就把建筑节能提高一点；如果某些地区地热比较丰富，地热的成本很低，那么就应该利用地热，至少可以解决全年热水问题。当建筑节能达到一定量时，会发现一个有趣的现象，每年所使用热水需要的热量和冬季用采暖需要的热量是很接近的。如果一个地区地热丰富，能解决热水的需求，甚至解决一部分建筑采暖，可能建筑节能达到 70% 就够了，当然这个方法只适合地热丰富的地区，因为地热的成本比光伏、比电还要便宜。做这类设计时千万要因地制宜，比如像西藏羊八井这样的地热丰富的地区，可能建筑节能达到 50% 就够了，主要看所在地区的可再生能源到底是什么种类，什么价格，可使用量能达到多少。

最近我们和北京市昌平区科委做了一个试验，就是为了更好地利用屋顶光伏。我们开始想用光伏板吸收的热量给房间采暖，结果发现房间太热。于是我们有了一个想法，热能不能存起来？目前正在考虑做风机盘管把热源存起来，当然现在做得比较粗糙，也是我们偶然发现，无限的创新就是这样试出来的。

谈材说料：请问光伏发电目前的发展状况与未来前景如何?

陶光远：现在光伏的成本下降速度超出了人们的估计，过去一瓦的光伏组件需要十几块钱，现在降到两元以下。现在光伏发电的成本，在北京地区可以达到六毛钱左右，未来很快就会降到四毛钱以下。在光伏行业内部有这样一句话：如果以后光伏的成本降低到每千瓦时两毛钱了怎么办？在其他国家，比如说德国最好的地区光伏价格水平还不如北京，最差的地区光伏价格和我国四川差不多。比如德国巴伐利亚光伏价格最低不到 4 欧分 / 千瓦时，差不多相当于人民币三毛二。如果是新建建筑屋顶，建筑一体化实现的情况下，光伏价格在含税情况下不超过人民币四毛钱。那么我国到了 2025 年光伏价格能达到多少呢？大概应该是三毛钱到四毛钱之间，那时的价格是比燃煤发电便宜。

谈材说料：光伏发电现还有一个大问题是不联网，多余的电如何处理呢?

陶光远：对，这就需要德国欧瑞府零碳科技园提出的两个消纳方法。一个是储热，用热泵在储热罐中储热储冷；第二个是电动汽车。现在已经得出结论，靠这两个调节，把风光电可以利用到 80%，这就是在欧瑞府零碳科技园的实践得出的结论，而不是理论的推算结果。实践的结果是欧瑞府中 80% 的能耗用风光电，剩下 20% 的能耗缺口可以用沼气（利用购买沼气票结算的模式）补充。如果以后电动汽车消耗量高，沼气用量可以减少一些，估计可以减到 10% 左右。我国现在的取暖费其实很高，政府是给了补助的；而夏天空调消耗的电费也很高，如果把这两个部分加起来，一个家庭比一年的其他耗电费用要多。如果这两部分的消耗可以利用热泵储存的热源，实际上是间接地利用储存电。热罐夏天可以储冷，冬天可以储热，光伏和热是同步的。

冬季的时候采暖如果采用热泵，热也是可以储存的，建筑节能和可再生源使用就可以紧密地联系在一起。电价有调峰电价，多余的时候电价会更便宜，建筑就不需要做得太节能，因为这部分过剩的电力是非要用掉的电。德国能源署预计德国以后电力过剩的时间占 40% 左右。那么在电力多余的时候怎么办？或者用热泵来调解，或者用电动汽车来调节。我们今天是站在更高的一个位置来看，所以说今天的建筑节能不需要做到 90%，后期是可以利用可再生能源中的弃风弃光电。中午的太阳光足，光电用不完，空调也用不完，可以调节到下午再用。时代是进步的，昨天正确的决定今天可能就不是正确的了，这也是科技创新的魅力之所在。

德国的可再生能源在弃风弃光的时候都很便宜，价格总体是波动的。弃风弃光电的部分必须要利用掉，这部分电价是最便宜的，是接近零电价的。热泵是一个特别重要、费用又低的消纳方式，甚至可以用建筑物混凝土芯的采暖，就是把管子埋到混凝土里边，储能能力很强，热量在被动房里可以保持 24 小时，普通房子保持 12 小时，夏季的时候也可以用混凝土芯储冷降低建筑物的温度。现在欧瑞府的采暖，实际上是需要看第二天的天气预报的，确定需要给混凝土里面储多少热。每天都要调控，这很经济，每天调节。

现在智慧建筑的供暖分两级：第一级是基础采暖，第二级是用空调补充一些。夏季室内温度一般保持 25℃，混凝土芯里温度不低于露点温度即可。往前走一步之后，就看到了更大的格局，建筑节能以后情况会发生很大变化，从前是一个单体，现在是一个系统。

谈材说料：请您谈一谈在张家界签订建设零碳科技园项目的初衷。

陶光远：张家界市政府对欧瑞府零碳科技园很感兴趣，确切地说现在准备建设的科技园属于近零碳，不过未来一定是零碳，因为建成之后短期内是需要使用天然气作为能源补充，但是未来会越来越多地使用沼气替代，或者使用氢能。张家界是个旅游城市，这样的项目刚好适合和生态相结合，具体由三个节能部分组成:第一个节能是高能效建筑,有新风系统,会比较舒适;第二个节能是指节能产业，张家界不生产能源，那么节能就可以成为产业，起到带头作用，也能使当地光伏和沼气都发展成为产业，也可以将甘肃的风电引到张家界；第三个节能是指发展电动汽车，张家界由于地理位置的原因，风小雾大，现在又有那么多汽车，排放高，把电动汽车和节能结合起来，智能充电，这样不仅减少排放，还能形成产业。我们计划在当地设置大量的移动充电设备，这种移动充电设备的地面设施仅仅是个插座，充电桩在车上，大大降低了基础建设的费用，这个插座可以安装在路灯杆上，也可以安装在停车库里的墙上和柱子上，平时晚上停车的时候都可以充电，而且充的是夜间电，电网做智能调节控制，电多的时候可以多充点电，电少的时候少充点。通过电动汽车来调节，还能进一步推动电动汽车产业的发展。

现在一升油的机械能大概是三个多千瓦时，也就是说一个千瓦时在车上的动力是两块多钱。如果是充夜间电，大概是四毛钱，差了五倍左右，这是多大的一个经济效益，所以说以后的服务业赚钱会比各发电厂挣得多得多，一个节能，一个移动充电都比搞发电的人挣得多。未来大的发电厂肯定都会退出历史舞台，发电都在各种规模的“欧瑞府”里。

现在德国的煤矿工人马上就没了，还有 15000 人，但欧瑞府零碳科技园中就有 3000 多工作人员，全部满额以后会达到 5000 多人，有 300 多家公司，这时工作、生活的形态就会发生重大的变化，所以说张家界建零碳科技园既是示范又是产业。运营之后可以生产可再生能源，这还是一个新的产业。现在交通越来越方便，张家界气候又好，环境又好，文化氛围浓厚，很可能促使有些人在这里建研发中心、建学校等，这些都是高端产业，最后很可能变成一个可再生能源的研发和产业中心。

谈材说料：请您谈谈工业余热的应用前景。

陶光远：利用工业余热来采暖，举个例子，河北每年采暖需要烧煤几千万吨，河北的发电用煤也是几千万吨，除了发电和采暖外的工业用煤能达到 1 亿多吨。1 亿多吨煤烧完后热量哪里去了？散掉了！于是一个新的项目就提出来了，如果将河北所有的工业余热集中起来，河北根本就不用其他的能源采暖。有实例表明，现在输热距离最远可以达到 90km，正常 70km 是完全没问题的，如果以河北省所有的重化工企业和燃煤发电场为圆心画一个半径为 70km 的圆圈，就会发现河北绝大多数城镇都在这些圆圈里。因此说采暖的热力中心是可以砍掉的，在加上有些地区丰富的地热等可再生能源，就可以把河北今天的燃煤采暖锅炉基本上替代掉。所以我一直认为我国治理采暖造成的空气污染的治本方向，应该是如何更好地利用工业余热和地热，而且这是我们自己的资源，会拉动经济，低碳环保，这也符合习主席提出的能源革命概念。因此，我认为我国在采暖上面特别要重视工业余热、地热、风光电，如果将这三类能源和热泵结合在一起，则成为我国采暖的主流能源。

我国在建筑节能包括零碳科技园走在最前面的省份是河北。我国的第一座被动房住宅，第一座被动房写字楼，都在河北，现在雄安又对它感兴趣，雄安有可能建成世界最大的零碳科技城。我们的建议是 80% 风光电配合 20% 的天然气，20% 的天然气今后气逐渐用氢能或者其他可再生能源代替，建成之日，这里将是世界第一个达到 2050 年世界气候保护标准的城市。如果建成这样一座城市，那在全世界都是个标杆。

陶光远先生和“谈材说料”团队合影

（采访整理：王天恒　张巍巍）

崔源声：水泥工业的五大革命

崔源声，国家建材情报所首席专家，中国被动式集成房屋材料产业发展联盟主席。

我们这一代人常常觉得，水泥行业似乎没什么事情可做了，只要按部就班，正常生产即可。我学水泥工艺出身，干一辈子水泥，但这几年我一直在推广被动房。2018 年 9 月 26 号，我在德国参加第 8 届国际水泥技术大会，发现国外有些非常重大的技术突破，再加上这两年我对国内水泥行业的了解，我认为，未来这个行业会有革命性的变化，而且这些变化会完全颠覆我们上一代人的认知。

第一个，燃料革命。

现在全国有 1700 多条回转窑，可是只有 100 条在烧废弃物燃料，从数量上看比例 5% 都不到，从热量替代上看，也就 1% ~ 3%。但是在德国，全国已经达到 65% 以上的代替量，替代了煤、石油，个别工厂已经达到 100%。荷兰和瑞士也有些水泥厂已经达到 100% 的替代量。这是个什么概念？就是说他们的水泥工业燃料已经实现了不用化石燃料。我们知道，西方发达国家的七国领导人（G7）已经达成的共识是，到 21 世纪末彻底放弃化石燃料，不燃烧煤和石油。欧洲有些国家更激进的目标是到 2050 年即放弃使用化石燃料，瑞典有些城市甚至把时间提前到 2030 年。现在欧洲的有些水泥厂已经 100% 不用化石燃料了，德国平均也达到了 65%，而我们国家还不到 5%。我们不需要一步达到 100% 替代，达到 65% 的替代量也是革命性的变革；无论是 10 年还是 20 年，当完成的时刻到来时，这对水泥行业来说难道不是一场燃料革命吗？它可以把生活垃圾和市政垃圾用水泥窑高温无害化处理，同时解决了水泥行业的燃料问题；使得多年来危害环境的垃圾问题，既做到了无害化处理，又使得其变成了资源，保护了生态和环境，一举多得。

现在我国许多城市都是垃圾围城，几年前的航拍显示，北京也曾经被六七千个垃圾山所包围，全国 2/3 以上的城市都出现垃圾围城，很多的“垃圾大军”就在里边翻垃圾，这些人甚至形成了“丐帮”，就是垃圾的丐帮，这是非常糟糕的事情。

现在的垃圾填埋和垃圾发电都不是最好的处理垃圾的方法。填埋的垃圾污染土壤和地下水，早晚会出现泄漏，会产生各种不良气味，影响附近居民的生活。垃圾发电产生的二噁英不能彻底分解，剩余的垃圾灰还要交给水泥厂处理，一吨垃圾灰的无害化处置要交给水泥厂几千块钱处理费用。而水泥窑的运行温度是 1200℃以上，可以把二噁英彻底分解掉，重金属也被固化在熟料里，是无害化处理的最佳方式，相对来说是最好的方法。

我国平均每人每天的生活垃圾产生量约为 1kg，不包括下水道的淤泥。现在下水道淤泥大部分都直接排放到江河里，非常污染环境。2008 年为了办奥运，我所在的地区搞了“清水朝阳”的项目，全市据说也建了四十多个污水处理厂；每天产生的下水道淤泥 5000 多吨。其实污水淤泥中有很多的热值可以回收利用，欧洲用淤泥作为水泥窑的燃料也是很普遍的，既可以代替热量，还可以替代一部分原料，也可以把淤泥处理掉。淤泥也可以烧成陶粒作为建筑保温材料，成为很好的建筑功能材料。它本身含有一部分能量，又是很好的黏土质材料，既可以烧制成多孔砖或空心砖，也可以代替一部分水泥窑的燃料和原料。家庭生活垃圾和淤泥，工业的废弃物比如废旧溶剂、废橡胶、废车轮等众多废弃物，甚至是患病的动物，都可以在高温下做无害化处理并产生能量。这次到德国开会，他们有个设想，将来可以靠燃烧垃圾，完全满足水泥厂本身的热量消耗，并通过余热来发电，实现水泥厂在热和电消耗方面的对外部电网而言的全面零能耗，一举多得。我们现在缺乏对这方面的宣传，所以希望可以借助你们编辑的力量，将这些先进的理念传播出去。

第二个，工艺革命。

现阶段我国水泥熟料的煤耗平均水平大约是吨熟料耗100kg标煤。据我了解现在有一种新工艺可以达到70～80kg标煤，比平均水平还低百分之二三十。这种工艺如果在我国实现，对节能减排而言也是革命性的。因为国际上认为今后的二三十年里，在能效的改进方面想突破3%都很难；如果我国实现了百分之二三十的降低，那么这也是工艺上的一场革命。

新疆的某电石渣厂使用这个工艺已经有十年了，现在降低到83kg标煤，最低的时候可以降低到70kg标煤。从100kg标煤降低到83kg标煤，不只是节省了成本，还节能减排，减少了二氧化碳和氮氧化物的排放,也就大大减少了对环境的污染。

我们研究了一辈子的水泥，对技术的可靠性都非常敏感。这个原理其实就是我们过去学习的相图中低共熔点的概念，含有的元素越多低共熔点越低，也就是多元矿化剂应用原理。在立窑方面，我们的老前辈水泥专家秦志刚先生曾经做到“625烧625”，也就是烧625号熟料只用625大卡热量，这在立窑上过去已经实现了。新疆某电石渣水泥厂的低温煅烧，从工艺特点上来看，增加了外循环，把旁路放风适度加大，可以使窑不结皮，旁路的多余能量用来烘干煤，然后再循环利用。所以这个工艺很巧妙，如果能够在其他水泥厂推广开，那意义就非常重大。

这项技术已经用了十年，实践证明是可行的，并且已经申请了专利技术，现在我希望能在水泥厂大面积推广。如果能让整个行业降低百分之二三十的煤耗，同时降低NO_x和SO_2产生，也就是降低了脱硝和脱硫的成本，并解决了氨逃逸的问题；总体来说是意义重大的。这项工艺的革命，一是利用多元矿化剂原理，二是有老专家的历史经验佐证，三是原理上的低共熔点理论作为支撑。低温煅烧实现了节能，多元矿化剂的配比和功能可以通过现代的计量和智能检测、自控、跟踪仪器等措施来实现，优化微量元素配比来在线实现理想控制目标。通过自动化、智能化的精确控制，加之多方面的历史和现实论据，都比较充分地表明了这项低温煅烧技术理论上的科学性，以及实践上的可行性；目前，正在通过在一般水泥厂的进一步实践和验证，以明确多年来水泥行业所追求的低温煅烧，是一场即将实现的新工艺的技术革命。

这项技术从从理论上来讲是没有太大问题的，从实践上看已经有了第一家工厂成功运行 10 年；虽然电石渣水泥厂和普通水泥厂有点差别，但是差别也不是本质上的问题。期待在普通的水泥厂中再次获得验证，那将具有更普遍意义。目前，青海省戊辰科技环保有限公司正在做这样的革命性实践。

第三个，超细粉磨技术。

超细粉磨技术主要是用立磨把熟料磨细，把混合材磨细，总体上就是把水泥磨细,以前被称作是水泥厂无球化发展方向。水泥厂过去都是用球磨机,现在逐渐增加立磨+辊压机的数量，这也是一次革命，从国内外的进展上看，特别是国际上的进展来看，已经基本实现。

现在国内一些合资企业像拉法基、台泥，包括海螺水泥都开始用立磨来磨水泥，实现超细粉磨。国内外也有更小的磨，气流磨、搅拌磨。国内产量很低的振动磨，能把平均粒径磨到五个微米，甚至到一个微米以下。

一般来说，水泥越细，它的性能就越能得到更好的发挥，会更快地发生反应，实现理论上的完全水化，这和我们过去在教科书里学的东西正好是相反。所以说超细粉磨是革命性的技术。我国现在水泥产量每年达到 23 亿吨，如果能够实现超细粉磨，就可以把水泥的产量减少到原来的 1/2，甚至 1/3，并达到等效。提高质量，减少数量，从数量增长变成质量增长，这样可以减少大量的能源和资源消耗。

但是这项革命的问题在什么地方？就是我们原来这套系统都要改变。我国的现状是，混凝土行业和水泥行业脱节，搞混凝土的不希望水泥太细,配方里如果依旧添加那么多超细水泥，水化会很快，早期的水化热会很高，这样很快就会出现混凝土裂缝。混凝土裂缝是个大问题。在国外水泥磨细后，会把水泥的添加量减少。但是我国规定一方混凝土添加水泥量不能低于300kg，国外现在降低到200kg，最终目标是降到100kg，把水泥用量减下来。

武汉工业大学龙世忠教授做过试验发现，在硬化后的混凝土里至少有1/3的水泥是没有水化的，是浪费的，变成骨料了。任何事情都是辩证的，这样也有一个好处，由于没有全部水化，随后结构稳定了再水化会破坏结构，导致我们现在的建筑寿命都很短，一般是30年，到寿命的建筑拆除时会出现大量的建筑垃圾，发现原来没有水化的水泥被破碎了之后还有强度，这样就有利于做成再生混凝土和再生水泥，也可以做成一些辅助性的胶凝材料。这种结果，虽然有利于建筑固废的循环使用，但是我们仍然希望能完全水化，使结构稳定，建筑寿命延长，这样就要求水泥行业和混凝土行业或者整个建材行业协同发展，科学利用，减少用量，提高质量，提高资源效率。水泥行业的超细粉磨能够减少资源浪费，减少熟料的用量。

超细粉磨在行业内很难被接受，因为在教科书里都明确说早期强度不要太高，要慢慢水化，要留有后期强度；还有“立磨不能磨水泥”一说，立磨磨出来的水泥球形度不好，颗粒级配太窄。但是目前在国外，立磨磨出来的水泥球形度很好，又非常节能。这些和我们过去所接受的教育和理念完全不同，是颠覆性的，所以叫革命。

其实，超细粉磨和完全水化理论在历史上的建筑是有证明的。古罗马建筑寿命已经2300多年，是目前人类史上最古老的建筑。古罗马建筑是用古罗马水泥加水搅拌4个小时，实现完全水化，然后再加骨料搅拌，做成混凝土。事实证明这个完全水化的水泥，制成的混凝土强度高，结构稳定性好，实现建筑长寿命。受到古罗马建筑的启发后，前苏联科学家罗西诺夫提出了完全水化的理论。

老一代水泥专家乔岭山先生告诉我，德国人用水化系数来评价混凝土的耐久性，水化系数越高，越接近完全水化，混凝土的建筑寿命就越长。这也从另一个方面来证明完全水化理论是正确的，而不是像我们过去接受的传统教育一样，要慢慢地水化，留有后期强度。所以现在多数人还都是过去的观点，过去的知识结构。当然，也不能说过去的观点都是错误的，在当时的情况下，也就是水泥颗粒都是比较粗的情况下，水灰比也是比较高的，水化后水泥石内部的宏观孔隙比较大，为后期水化留有空间，和超细粉磨水泥的级配或混凝土全级配也是不一样的，因此不可同日而语。过去的条件不一样，体系不一样，讲述的道理也是不一样的，我们不能完全否定其道理；如今情况变化了，在新的水泥和混凝土体系中，超细粉磨的水泥颗粒和同样级别的骨料形成新的紧密型的堆积和化学反应，构成更加致密的、稳定的、高强的和耐久性好的结构。超细粉磨技术革命是水泥工业发展到一定程度的产物，我们需要重新学习和不断更新知识。

第四个，工业智能化。

德国工业 4.0 就是指智能化。20 世纪 80 年代，我们大学毕业的好多同学都分配到冀东水泥厂，当时冀东水泥厂刚刚引进日本的一条生产线，日产 4000 吨，一条生产线需要 3000 人。现在这样的一条生产线，在我们国家标准配置 300 人，这也是人们常说的十倍因子理论。实际上在上世纪 90 年代的时候，发达国家像这种日产 4000 吨的水泥窑标准配置是 30 人。30 人什么概念？就是指三班，一班 10 个人就够了。2005 年我到欧洲发现，像 CRH 老城堡这种水泥厂，日产 4000 吨的生产线晚上实际上只有 3 个人，1 个人在中控室，2 个人在巡检。从 3000 人到 300 人到 30 人到 3 人，都是十倍十倍地变化，劳动生产率也就十倍十倍地提高，工人的工资也会跟着涨，把人从劳动生产线上解放出来了，去做更有价值的工作。以前是自动化改变我们的生活，现在是智能化改变我们的生活，这样更利于第三产业的发展。人们有时间了、有钱了才会去购物、去休闲、去欣赏艺术。这一切的实现都需要高度的智能化，由此带来高效率，高收益，也就是高工资；有了高工资，才有高消费，才会有钱去消费，从而促进第三产业的发展。

改革开放 40 年，我国的劳动生产率和人均 GDP 都提高了将近百倍。1978 年，我国人均 GDP 大约只有 200 多美元，那时候发达国家是 2 万多美元，但经过了改革开放 40 年，从 1978 年到 2018 年，去年人均 GDP 约 9000 美元，发达国家的人均 GDP 在 5 万～10 万美元之间，我们和他们的差距已经缩小了 5 到 10 倍。我们这一代人经过奋斗，和发达国家的差距，从原来的相差近 100 倍，降低到现在的相差 5 到 10 倍。剩下这部分的差距我们怎样追上呢？就像奥运会的田径冠军，最后几秒是非常难的。如果能够实现智能化，变成真正的无人工厂，我们的劳动生产率就会从人均 1 万美元，提升到 5 万或 10 万美元，在今后几十年里，将会快速缩小这种差距，实现跨越中等收入陷阱的目标。

第五个，原料战略转移的革命。

水泥原料的战略转移主要是利废。我国建材行业每年生产 23 亿吨水泥，全球水泥年产量约 40 亿吨，全世界 60% 水泥都是我国生产并消耗的，资源的浪费非常大。实际上我国每年生产 23 亿吨水泥的同时，其他各行业产生的活性废渣也近 20 亿吨，其中有 6 亿多吨粉煤灰，8 亿多吨煤矸石。尤其是煤矸石，现在的堆存量很大，没办法使用，已达到 60 亿吨左右。另外还有 1 亿多吨的钢渣，2 亿多吨的矿渣等工业废渣。如果把这些废渣都变成很好的辅助性胶凝材料，那就不需要耗费那么多天然的石灰石和黏土来生产水泥了。

建材行业每年消耗的自然资源高达 100 多亿吨，其中矿产资源消耗 50 亿吨左右。如果能把 33 亿吨建筑废弃物、20 多亿吨的工业废渣用起来，还有下水道淤泥、生活垃圾，把这些都变成燃料和原料，“多用废弃物，减少天然资源消耗”，这就是老专家秦志刚先生多年以前提出来的水泥工业原材料的战略转移，这也是一场革命。

水泥是胶凝材料，增加辅助性胶凝材料用量，减少熟料使用，这是水泥原料发展的方向。我到中国散装水泥协会当会长后，提出修改中国散协的章程，业务范围从散装水泥的水硬性胶凝材料，增加了辅助性胶凝材料（SCM）业务覆盖范围。将来的目标就是将这些废料做成辅助性的胶凝材料，减少熟料和传统水泥的生产量，为可持续发展做出贡献。

建材行业是最大的资源消耗行业，国家鼓励利废环保，资源化利用。建筑全生命周期循环利用，能减少天然资源的消耗，同时减少对环境的危害。

我们2018年2月1号到阳泉调研，城市周边有140多个煤矸石山，天天冒烟自燃，这是多大的危害。如果能利用煤矸石废弃物多生产绿色的建筑材料，就能减少天然资源的用量，就能给子孙后代多留一些资源。我们受到瑞士理工凯伦教授研究新发现的启发，组织召开了2018年全国煤矸石综合利用技术交流大会，为煤矸石的代替水泥原料，实现水泥原料的大规模战略转移，发展绿色建材和建筑产品，开辟一条新的技术革命路线。

总之，水泥工业正在发生着五大革命性变革，直接影响到我们这个行业的未来走向，与我们的生产与生活密切相关！

水泥工业是建材工业的主体，由水泥混凝土所构成的建筑和基础设施是现代文明社会的基础和骨架；以水泥及混凝土为主体的建材工业，从以废弃物原燃材料为基础的革命性变化，到减量化、超细粉磨和完全水化的绿色水泥发展路径，再到以自动化、信息化和智能化为特征的生产方式巨大变革，贯穿到工业废弃物、下水道污泥、建筑废弃物和生活垃圾的循环利用和原料战略转移，整个材料产业链的全生命周期都面临着绿色发展和创新发展的新变革和新机遇。我们的目标就是利用和推进这些革命性的变化，来生产未来可持续发展的绿色建筑材料。

我们应该提醒行业中人要注意这些重大的变化，研究系统的全生命周期的发展规律，自觉运用这些规律，把每一个环节研究者和实践者的都召集到一起，大家互相交流，互通有无，适应行业的发展趋势，顺势而为，这样的努力才会事半功倍，才是更有价值的战略选择。

崔源声教授与“谈材说料”团队合影

（采访整理：王天恒　张巍巍）

蒋荃：绿色建筑并不是绿色建材的堆砌

蒋荃，男，1960年9月生，汉族，教授级高工，享受国务院特殊津贴专家。现任中国建材检验认证集团总工程师、国家建筑材料测试中心副主任、国家建筑材料质量监督检验中心副主任、绿色产品认证院院长；兼职中国建筑材料联合会金属复合材料分会秘书长、中国建筑装饰装修材料协会副主任委员、全国建筑节水产品标准化技术委员会委员（SAC/TC453）、全国工程材料标准化工作组（SAC/SWG3）委员、全国轻质与装饰装修建筑材料标准化委员会委员（SAC/TC195）、全国环境腐蚀网站大气试验专家组成员、全国建筑幕墙门窗标准化技术委员会委员（SAC/TC448）等多家专委会、协会职务；承担完成国家及省部级项目十余项、标准制定项目50多项、获得国家发明专利8项、发表论文及著作70余篇。

谈材说料：请问蒋总，绿色建材与绿色建筑有着怎样的联系？绿色建材如何应用才能实现建筑节能？

蒋荃：这个问题很好。有人认为把绿色建材或者相关技术堆积在一起，就是绿色建筑。其实不然。绿色建材是绿色建筑的基础，如果把绿色建筑比作一个人，那么绿色建材就是组织、皮肉和骨头。从绿色度方面来看，对绿色建材的评估是全生命周期的，除了使用过程，还包括生产过程；但绿色建筑是拿性能指标来对应的，而且是逐一对应。从另一方面来看，如果设计师选材时把建材生产过程中的节能也考虑进去，会使两者的关系更加紧密。

目前，绿色建筑对绿色建材的使用率有相关规定，我们也参与了绿色建筑评价体系的制定，绿色建筑的节能更多考虑的是建筑运行的节能，很少考虑建材生产过程的低碳，而且两者存在一定矛盾，比如建筑节能考虑用三玻两腔甚至是四玻三腔的门窗，但这样的门窗不见得节材，所以要综合考虑。

谈材说料：近年来，国检集团一直坚持在我社出版《绿色建筑选用产品导向目录》一书的初衷是怎样的？

蒋荃：我们几年来坚持出版这本书，是想让更多的开发商和建筑师了解绿色建材，让他们选用绿色建材，让绿色建材在需求端（使用端）出口方面更顺畅。很多建筑设计师是有绿色产品的概念，但是他们不清楚到底哪家产品是绿色的，尤其忽略了这些产品生产过程中是不是绿色环保，更多考虑的是产品的使用性能。比如，有的涂料使用过程中可能是无甲醛的，但生产过程中也许就不是绿色环保的。因为绿色建材要从全生命周期来考虑，它不仅在使用过程中是环保的，也要保证在生产过程中是绿色的。我们通过综合评价后，在设计师选材时，力争给他们一个客观全面的评价结果。

另一方面，现在新材料层出不穷，尤其是绿色环保新材料，很多设计师也不太了解，我们也给他们做了筛选。让设计师把这些新材料推广出去，才能更好地打通材料的出口，从而带动整个行业的发展。

谈材说料：请问遮阳技术在建筑节能中起到什么作用?

蒋荃：南遮阳北保温。在北方，遮阳技术对建筑节能的贡献相对比较小，它更多的是起到改善室内环境、改善室内舒适度的作用。在南方尤其像玻璃幕墙这样透明的围护结构，辐射能很强，人坐在旁边根本没法工作，所以遮阳就显得非常重要。

谈材说料：请问对绿色建材的评价和认证，国内和国外有什么区别吗?

蒋荃：我认为国内和国外总体趋势是一样的，与国外的差距，主要在数据库方面。国外的绿色建材数据库相对更全面；而国内绿色建材的生产企业数量庞大，做过认证的绿色建材还比较少，相关标准还不太完善，市场也比较混乱，所以还有很长一段路要走。

现在国家已经认识到，要把发展绿色建材作为转型升级的一个抓手，从市场规范方面考虑，假如从一些大的地产商开始，只选用绿色建材，那些不是绿色的材料就没有市场，这样就形成了一个良性的循环。我相信到那时，局势也就能够扭转了。另外，绿色建材在耐久性方面还需要行业进一步研究，一定要尽可能与建筑同寿命才有意义。

谈材说料：装配式建筑和超低能耗建筑对绿色建材有哪些更高的要求呢?

蒋荃：建材一定要围绕建筑的性能展开，因为建筑是一个由材料集成的产品。比如装配式建筑，它的混凝土板很牢固，但勾缝的密封胶就是它的短板，密封胶的老化会影响整个建筑的寿命；再比如金属材料的腐蚀，尤其是装配式建筑节点连接处的防腐很重要，出现问题很可能就造成安全事故。所以好的建筑要将好的材料优化集成，这也是将来的发展趋势。另外，中国地域广阔，涉及的气候区比较多，对材料的要求也是比较复杂的，南方和北方对绿色建材的认定也有区别。

设计师选材时首先要考虑建筑的性能,然后再考虑绿色度。超低能耗建筑是指那些适应气候特征和自然条件，具备保温隔热性能和气密性能更高的围护结构，采用新风热回收技术，并利用可再生能源，提供舒适室内环境的建筑，对建筑的围护结构有更高的保温要求，门窗的传热系数要更低，同时也会综合考虑运用遮阳技术、新风系统等手段降低自身能耗。国家对超低能耗建筑也有专门的一套认证体系，除了传统的“四节一环保”之外，还包括建筑的安全耐久性以及室内的舒适健康性等。

蒋荃先生与“谈材说料”团队合影

（采访整理：王天恒 王萌萌 张巍巍）

杨思忠：装配式建筑创新与发展

杨思忠，1964 年生，工学硕士，现任北京市住宅产业化集团股份有限公司技术总监，教授级高级工程师，北京工业大学兼职教授，北京市建设工程物资协会装配式建筑与墙体分会会长；多年从事装配式建筑构件生产技术研究、特种水泥和超早强混凝土技术研究、市政和地下工程高性能混凝土和预制构件技术研究、高性能混凝土外加剂的工程应用研究和科技创新工作，2015 年获中国建筑学会“当代中国杰出工程师”称号，2017 年获年度唯一的“混凝土与水泥制品行业杰出工程师”称号。

谈材说料：道路千万条，您为什么选择装配式建筑这一条呢？您与装配式建筑是怎么结缘的？

杨思忠：我是逐步进入装配式建筑领域的，刚开始我对装配式建筑的认识不是很深入，因为当时我在市政路桥集团工作，担任建材集团总经理，主管沥青混凝土、预拌混凝土和预制构件三项建材产业。我从同济大学水泥制品专业毕业后，多年从事市政基础设施相关高性能混凝土、预制桥梁、盾构管片技术的研发和生产管理。多年养成的职业习惯，使我时刻关注着建筑业政策的变化及其可能对行业带来的影响。2010 年，在国家政策引导下北京市发布了《关于推进本市住宅产业化的指导意见》（京建发〔2010〕125 号），我敏感地认识到，已经面临消亡的建筑工程预制混凝土构件有可能复活，正好可以弥补市政工程中桥梁预制构件市场逐年下滑的不利局面，为企业预制构件板块带来新希望。2012 年，从北京市老旧住宅小区抗震加固预制构件入手，我率领我的团队与北京市建筑设计研究院联合研发了一系列新产品、新工艺，并在北京朝阳区农光里小区和海淀区甘家口小区的多栋老旧住宅加固工程中进行了示范推广，还参编了多部北京市装配式建筑设计和应用地方标准，为 2013 年成立北京市燕通建筑构件有限公司（以下简称“燕通公司”），正式进军装配式建筑行业打下了坚实基础。担任燕通公司总经理期间，我亲身经历了北京市装配式建筑从试点示范到大面积推广的酸甜苦辣，建设预制构件生产基地，开发北京市第一条预制构件流水线，对我国装配式建筑行业现状、存在问题、发展方向、解决途径等方面有了更深刻的理解，在本人的积极倡导下，2016 年成立了北京市住宅产业化集团股份有限公司（以下简称“产业化集团”），积极探索装配式建筑工程总承包（EPC）发展模式。产业化集团成立三年来，坚持不懈做好三件事：一是坚持构筑全产业链一体化运营平台，包括组建了设计研究院，收购燕通公司，迅速扩张预制构件生产板块，成立工程事业部等全产业链要素。其间得到住房城乡建设部和北京市住建委的大力支持，取得了建筑行业设计甲级资质、施工总承包一级、装饰装修一级、机电安装一级、钢结构二级和公用市政工程二级等六个资质，组建完成北京地区资质最齐全、产业链条最完整的装配式建筑推进平台。二是坚持提升装配式建筑工程总承包能力，设计研究院在全国承担了大量装配式建筑全过程咨询业务和设计业务，燕通公司在北京市的市场占有率高达 40% ~ 50%，突破装配式建筑套筒灌浆冬期施工等关键施工技术，创建智慧工地成果突出，获得业内好评。三是坚持打造科技创新平台，取得了多项国际先进水平的科技成果。能够成功转型装配式建筑产业，我认为抓的“点”比较准，也就是准确地抓住了建筑行业转型升级的历史机遇。

还有就是在转型的过程之中，我们不仅要跟紧国家政策东风，更重要的是苦练内功，做了大量推动行业技术进步的实质性工作，确保示范项目落地。

谈材说料：请您介绍下装配式建筑的发展起源和在我国的发展历程。

杨思忠：根据国内外经验，战争对装配式住宅的推动是巨大的。因为，战争结束以后，大量房屋被毁坏，人们变得居无定所，急需快速建造大量住房，从欧洲、日本到中国，无一例外。装配式建筑在我国的发展最早可追溯到 20 世纪 50 年代初。以北京市为例，我国的装配式建筑可分为两个时期：一是大板装配式建筑时期，从 1950 年到 1990 年，1990 年后我国装配式建筑进入 15 年左右的停滞期；二是 2007 年以来的新型装配式建筑发展时期，大体经历了研发试点（2007—2009 年）、优化完善（2010—2013 年）、规模化推广（2014—2016 年）及全面发展（2017 年以后）等四个阶段。

大板装配式建筑虽然成为过去时，但迄今为止仍有借鉴意义。20 世纪 50 年初，苏联一种叫做装配式快速生产的理念被引到了中国。1955 年，在北京东郊百子湾兴建了北京第一建筑构件厂，生产工艺参照苏联列宁格勒构件厂机械化流水作业，从法国引进了产量 $50m^3/h$ 的混凝土搅拌站，到 1958 年投产，主要产品是混凝土屋面板和空心楼板。1958 年，在北京西郊的芦沟桥筹建了北京第二建筑构件厂，主要产品空心楼板和桥梁构件。1958 年，成立北京东郊十里堡构件厂，后发展为北京第三建筑构件厂，1980 年更名为“北京住宅壁板厂”。该厂占地 500 亩，年生产能力 16 万立方米，被誉为亚洲最大的预制构件厂。从 1964 年到 1974 年的 10 年间，北京市首次完成了装配式大板住宅标准设计图，建立了大板生产基地和专业施工队伍，在水碓子、龙潭湖、左家庄、三里屯、新中街等 5 个住宅小区建成 4 ~ 5 层大板住宅建筑 86 栋，约 25 万 m^2，内墙采用厚 140mm 的振动砖壁板，外墙为厚 240 ~ 280mm 的整间混凝土夹芯墙板。1978 年到 1985 年，北京的装配式大板建筑技术日益成熟，形成了完整的建筑工业化体系。1983—1985 年形成建设高潮，年竣工面积递增到 52 万 m^2。从 1985 年开始，我国进行经济体制改革，逐步打破计划经济“大锅饭”，引发了不同类型房屋建筑的性能和价格竞争。现浇混凝土住宅依靠价格优势，适应高层建筑和市场多样化等特点，逐步抢占市场，造成住宅壁板厂产品滞销，销售滑坡，装配式大板住宅竣工面积逐年下降。1988 年企业出现亏损，且越亏越多。1989 年，北京住总组织建造的十里堡后八里庄小区 2 栋 18 层大板住宅（单栋建筑总面积为 10300m^2），成为大板住宅的绝唱。1991 年 2 月经北京市建委同意，撤销住宅壁板厂建制，装配式大板住宅彻底退出北京建筑市场。1958—1991 年，北京累计建成装配式大板住宅 386 万 m^2，其中 10

层以上为 90 万 m^2，高峰期曾占北京市住宅年竣工量的 10% 左右，为北京成片、大规模住宅区的快速开发建设作出了贡献。

新型装配式建筑发展与万科公司渊源颇深。21 世纪初，万科公司倡导住宅产业化，当然就一定要做建筑装配施工。2007 年，北京成立工业化小组，以中粮万科假日风景 B3B4、D1D8 住宅楼为试点项目，开始了装配式建筑设计、预制构件制造及装配施工的技术研发试点。以后几年，除了继续对装配式技术进行优化完善外，北京市陆续出台了《关于产业化住宅实施面积奖励等优惠措施的暂行办法》(京建发〔2010〕141 号)、《北京市混凝土结构产业化住宅项目技术管理要点》的政策和政策落地保障措施。北京市政府还从给老百姓解决保障性住房入手，切实推动住宅产业化工作。2011 年，北京市成立了北京市保障性住房建设投资中心，负责保障性住房的投资、建设、运营和管理，对北京市乃至全国的装配式建筑技术进步和大规模示范起到了巨大的推动作用。该中心成立时市财政直接注资 100 亿元，这是北京有史以来一次性现金注资最大的公司。保障房中心从建设公租房入手，装配式技术的研究重点开始是放在装配式装修方面的，但他们很快发现，现浇混凝土结构的厘米级误差太大，无法满足装配式装修部品部件工业化批量生产要求。2012 年，保障房中心、北京市政路桥集团以及北京市建筑设计研究院成立战略合作联盟，开始装配式公租房“结构装配 + 装配式装修”全产业链技术研究，并于 2013 年合资成立燕通公司确保预制构件供应和示范项目落地。2016 年《国务院办公厅关于大力发展装配式建筑的指导意见》（国办发〔2016〕71 号）标志着我国的装配式建筑进入全面发展新阶段。

谈材说料：请问我国住宅建筑是如何由大板装配式发展到现浇，然后又逐步回归到装配式，以及当前装配式建筑快速发展面临的问题是什么？

杨思忠：先说装配式大板住宅如何被现浇住宅淘汰。十年动乱以后，我国从计划经济逐步发展到市场经济，老百姓住房也从分配住房逐步发展到商品房。这个时期，人民生活水平日益增长，大量的住房需求不仅要求快速地建房，还伴随老百姓个性化需求的快速增加。从历史的眼光来看，20 世纪 80 年代，大板建筑的房子后来被现浇住宅快速替代，到 20 世纪 90 年代初彻底退出历史舞台，既有其自身缺陷的原因，也是我国市场经济快速发展规律的必然结果。我个人认为，对 20 世纪 80 年代大板住宅的几个特点进行认真总结，对目前我国新型装配式建筑发展还有一定的借鉴意义。总体而言，可以归纳为五个方面：一是户型平面布局和立面造型单一，满足不了老百姓个性需求；二是建筑功能本身存在缺陷，比如墙体保温性差、墙板接缝渗漏等，现浇混凝土结构加外保温更具优势；三是现浇住宅机械化施工水平迅速发展，建造工期比装配式大板住宅更快；四是预制构件工厂投资大，加上运输和安装，造成装配式大板建筑成本高于现浇住宅；五是唐山大地震后，业内对大板住宅抗震安全性能的担忧。我认为，现浇住宅建造速度快和建造成本低，代替大板住宅获得爆发式发展，更好地体现了市场经济的主导作用，是历史发展的必然。

再说一下现阶段为什么要大力发展装配式建筑。装配式建筑是近几年说法，以前称为住宅产业化，其实质就是住宅建造方式的变革，就是由现在半手工半机械比较落后的建造方式，转变成工业化生产方式来建造住宅，以提高住宅生产的劳动生产率，提高住宅的整体质量，降低成本，降低能耗物耗。根据经验，与传统现浇方式相比，新型装配式建筑可以实现现场垃圾减少 83%，材料损耗减少 60%，建筑综合节能 50% 以上，同时大大缩短住宅的建造周期。因此，装配式建筑对实现节能减排，改善人居条件，构建和谐宜居和环境友好型社会具有重要意义。针对制约装配式建筑发展的关键问题，举例说明装配式建筑如何促进行业转型升级。一是如何与现浇住宅比成本。现浇住宅虽然满足了住户个性化需求，但是标准化设计理念不足，加上粗放式管理导致主体结构尺寸误差大，很难采用工业化部品部件，不仅带来节能环保问题，还导致住宅质量低下，虽然建造阶段造价低一些，但是如果考虑到使用阶段维护保养费用，现浇住宅全生命周期的成本更高。二是如何与现浇住宅比进度。新型的装配式建筑，由于标准化和工业化程度高，内部装修可以和主体结构穿插施工，从总体建造工期说，速度更快。三是应对人口老龄化问题。与欧洲、美国、日本一样，我国即将迈入老龄化社会。现浇作业大量依赖农民工的人口红利时代即将消失。近几年，人工智能等新业态发展迅速，农民工二代宁愿拿个手机做销售，也不愿像父辈一样到工地绑钢筋、浇混凝土，现在坚持在施工一线的人很多是五十岁以上的“老人”，用工荒已经成为常态。发展装配式建筑在今后真正要应对的是用工人短缺问题。当用工短缺到一定程度，用工成本就会急剧增加，像香港一样，当材料成本在其中占的比重很小时，装配式建筑的成本优势就凸显出来了。

谈材说料：国外装配式建筑的外形丰富酷炫，国内的这种装配式就比较中规中矩，这是为什么呢?

杨思忠：这里存在设计理念和设计经验的问题。国内装配式建筑发展时间还较短，往往更多强调标准预制构件的重复次数，用直线条较多，用空间曲线和曲面较少。根据国外经验，很多酷炫的外立面建筑用装配式预制构件更容易实现，现浇工艺往往实现不了。在欧洲，他们建筑立面的装饰功能和使用功能协调统一性较好，很多情况下是通过混凝土的高性能化来实现的，也更有利于建筑节能减排，比如阳台。在我国，很多情况下阳台已经不再是传统意义上的阳台了，我们往往将这个空间封闭起来，作为居室的一部分。为什么？这和咱们国家的理念和环境是有关的：空气环境太差，如果不封闭，阳台很容易脏，所以它便被永远封闭起来，接触不到新鲜空气了，失去了阳台的意义。在我国的北方，封闭阳台需要外保温，即使装配式建筑中的预制阳台，安装后也需要再做一层外保温，费工费力，外观也不美观。欧洲的很多阳台看起来很轻薄，其实里面有很高的技术含量，一是采用 UHPC 超高性能混凝土材料，实现轻质高强；二是在与墙板连接处实现“断桥”连接，更加节能环保。实际上，就是在阳台与墙体连接的地方，用保温板将阳台和住宅主体隔开，用特制螺栓将阳台固定住。我们集团已经深入研究了这种技术，因为北京市即将在国内率先执行 85% 节能标准，传统的阳台保温理念行不通了，要学习欧洲先进理念，回归阳台的原始职能，还要更加节能环保。

关于如何构建建筑酷炫的外立面，我们集团下属燕通公司做了大量科技研发工作和工程应用示范。目前，北京保障房中心开发的装配式公租房项目外立面已经抛弃了传统的喷涂料工艺，大量采用清水混凝土和彩色清水混凝土外立面。在副中心周转房项目中，我们通过反打技术，将大尺寸瓷板与装配式建筑外墙结合起来，实现了建筑立面永久性防护，这在国际上尚属首次。我们还学习欧洲硅胶模板反打技术，实现了装配式建筑外立面丰富的肌理造型。你们刚才所说的酷炫外立面造型，有很多装饰性的凹凸结构，用现浇很难实现。以前经常使用 GRC 装饰构件，缺点是耐久性不足，不能跟结构同寿命。我们用 UHPC 代替 GRC，大力发展与结构同寿命的轻质高强的装饰部品，在满足使用功能的前提下，也更节能减排。

目前，我国在大力推动装配式钢结构建筑。钢结构主体很容易实现装配式，但其三板体系，尤其是外维护系统方面还存在较多问题。传统的轻质混凝土外围护结构易开裂、易渗漏，急需新材料新产品升级换代。我们集团成立课题组专题研究超高性能混凝土（UHPC）外挂板技术，充分利用 UHPC 轻质高强的优点，开发出更轻更薄的装配式钢结构外挂板。

谈材说料：装配式建筑的创新点体现在哪些方面?

杨思忠：我们集团装配式建筑的科技创新成果很多，我就挑两项谈一下。

首先谈谈我们自己开发的 PCIS 信息化管理平台软件，谈谈人工智能在装配式建筑中的应用。目前，我国发展装配式建筑政策虽然很好，但是制约其快速发展的因素也很多，其中预制构件生产方式落后、全产业链信息化管理水平低的现象尤为突出。燕通公司作为行业龙头企业，深知预制构件企业管理痛点 ,2013 年成立之初即与中科院进行深度合作，成立了专项课题组，提出以提高生产效率、提高产品质量、降本增效为目的，研发适合国情和行业现状的“装配式构件生产信息管理系统(简称 PCIS）”。该系统基于物联网 RFID 技术建立了预制构件身份证技术，将预制构件 BIM 设计技术、生产制造 MES 系统、企业资源管理 ERP 系统等众多管理要素进行了流程再造和信息化集成，运用移动互联网、云存储等现代信息化技术，实现了产业链企业信息化管理和智能化生产的高度融合，对于解决装配式构件型号众多和数量巨大造成的差错率大、产业链企业信息流不畅造成工期不可控、集团企业计划安排困难、产品质量可追溯性差、产品储存、运输和安装等管理问题具有示范意义。该系统已经在国内多家大型预制构件企业推广应用，并被行业专家鉴定达到国际先进水平。关于在装配式建筑中人工智能技术的应用，我们也开始了研究，并取得了初步成果。2018 年，燕通公司研发的箍筋焊接机器人和自动化钢筋网片焊接机投入应用，BIM 设计数据可直接导入到钢筋加工设备，大大减少了操作工人数量和劳动强度。研发的人工智能排产系统可以实现京津冀 8 个工厂的一体化自动排产。研发的钢筋套筒灌浆 APP，可以实现套筒灌浆全过程实时监控，确保了结构工程安全质量。

其次，我们首次将气凝胶真空绝热板技术用于超低能耗装配式建筑的“三明治”外墙板。这些我们已经持续进行了 5 年时间，研究工作逐步推进。采用的第一代真空绝热板的芯材是硅灰，用在普通“三明治”外墙板的保温效果还可以，用于超低能耗就不行了，所以第二代真空绝热板里面的芯材我们换成了气凝胶。该项技术的推广，必将带来巨大的社会经济效益。因为，北京市将很快将实行新的居住建筑节能设计标准，预计要达到 85% 节能效果，如果采用 B1 级有机保温材料，保温层厚度将达到 150mm 左右，这么厚的有机保温材料不仅对防火安全提出严峻挑战，还将带来房屋有效使用面积的降低。我们的目标是尽量用 A 级保温材料，不仅保温效果要好，厚度还要薄。泡沫混凝土、加气混凝土等材料肯定也不行，传统的 A 级保温材料岩棉，因为导致系数太大、吸水率高、耐久性差，也不符合要求。那 A 级材料还有什么？想了想好像也就只有气凝胶了。可是全用气凝胶成本太高，所以通过抽真空技术可以把性能提高，把成本降下来，这是一条可行的路。结合我们 5 年来的工作，可以说，气凝胶在装配式建筑领域的应用，不会有人比我们研究更早，也不会比我们更深入，可贵的是我们已经有三个示范工程经验，下一步目标就是在北京地区大量推广。

杨思忠先生与“谈材说料”团队合影

（采访整理：杨娜　王萌萌　张巍巍　常晓宇）

许武毅：Low-E 玻璃与建筑节能

许武毅，男，汉族，1957 年 5 月生，研究生学历，薄膜物理学硕士，高级工程师。1988 年 7 月毕业于陕西师范大学，薄膜物理学研究生，获硕士学位。1989 年 11 月进入中国南玻集团股份有限公司，曾任镀膜工艺工程师、研发部经理、品控部经理、营销部经理等职务，现任中国南玻集团特聘资深专家。

自1989年起从事建筑玻璃制造，建筑节能玻璃应用研究，尤其是Low-E节能玻璃的应用研究。1997年起在国内大力推广宣传Low-E节能玻璃，编写技术资料发表技术文章推广节能玻璃应用；参与了建筑玻璃应用、玻璃幕墙规范、建筑节能设计等国家标准的编制及住建部门窗节能性能标识工作。

谈材说料：作为我国玻璃、幕墙及节能领域的资深专家，请您就Low-E节能玻璃在被动房建设领域发挥的重要作用谈谈认识。

许武毅：被动房要求的K值要小于1.0，好的要小于0.7甚至0.4，没有Low-E玻璃是做不到的，因此被动房要用真空玻璃、多腔体中空玻璃及真空中空复合玻璃，其中真空玻璃结构最轻巧。

谈材说料：为什么真空玻璃必须用Low-E玻璃才能达到节能效果？

许武毅：目前，被动房号称零能耗，人们希望在满足保温的前提下，其内部尽可能不耗能，要靠建筑的热容量，比如天热的时候，外墙被晒热，它就存一点热量，天冷的时候热量别出去。作为门窗的话，必须把所有的保温性做得非常好，那么配置的传热系数就必须降低。低到什么程度？目前来讲要低到0.7以下。什么意思呢？如果室外是0℃，室内是20℃，有20℃的温差，那么这个玻璃窗的传热就是20℃乘以0.7，传热功率每单位时间内传出玻璃的热量是14W，我们希望传热功率最好缩小到0，缩到0就不传热了，但是我们不可能做到，所以我们说越低越好。

目前，被动房用的真空玻璃如果不用Low-E膜，从结构上来讲，虽然两片玻璃中间不存在空气，也就不存在通过空气传导热量的途径，但是将能量从一片玻璃的表面辐射到另一片玻璃表面的途径是存在的，这个途径与空气存在与否无关，我们希望两片玻璃之间辐射的能量尽可能低，其中的Low-E膜就发挥了降低辐射的作用，因此说真空玻璃离开Low-E膜达不到被动房传热功率的要求。因为Low-E玻璃其实是一种红外线反射材料，直白点说，红外线是热量，它是通过反射热量，而阻断热量通过的材料。这里的热量是长波红外线，不是太阳照射，而是暖气或者人体散发出来的，这就是保温的问题。真空玻璃如果不用Low-E玻璃的话，K值为1.8；如果加了Low-E玻璃，K值低于1.0。这就是为什么被动房要用真空玻璃，真空玻璃必须要用Low-E玻璃。

谈材说料：现代建筑幕墙材质除了玻璃，还有混凝土、石材、金属等，玻璃幕墙相较其他材质幕墙，有什么特点和优势?

许武毅：混凝土、石材、金属等材料作为幕墙各具特色，但也有一定的局限性，玻璃幕墙在高层和超高层建筑中的优势尤为显著。首先，玻璃的强度高，超高层建筑做成钢化夹层玻璃，抗撞击、抗风压，保证了建筑外围护结构的安全性。其次，玻璃材质较轻，比如上海经贸大厦这样做到三四百米的楼，如果用石材的话，地下要做很厚的承重，柱子要做得很大，重量太大，地基承受不了，不用玻璃幕墙这种轻质的材料就没法做了。再次，就是它不可替代的采光优势，有机材料长期经紫外线照射会退化，玻璃既可以采光还能长期保持性能稳定。

谈材说料：近两年，由于台风等恶劣气象灾害，一些玻璃幕墙建筑受到严重损害，部分地方政府出台“一刀切”政策，禁止高层建筑采用玻璃幕墙，针对此事您怎么看？

许武毅：现在为了防止幕墙坠落，我们国家很多地方做了规定，不允许完全做隐框幕墙。什么意思呢？隐框幕墙就是把玻璃完全用胶粘起来。虽然完全把玻璃用胶粘起来，这么多年没出过问题,但是我们怕什么呢？比如说遇到地震这种最不利的情况，它毕竟是拿胶粘而没有用结构件来固定，因此现在要做隐框或者半隐框，也就是说玻璃除了打胶之外，还要有一些铝结构件把玻璃固定，就叫半隐框，完全明框就跟做窗框一样，有了这个铝框，玻璃是在里面固定，为了防坠落。

所以到现在为止,你刚才说的这个有坠落的全是开启的扇，完全密闭的扇面，没发现有坠落。开启的扇，前段时间台风很大的时候，也有一些住宅发生玻璃坠落的情况。住宅的窗就是用幕墙的做法安装的，上下打胶，两边是自由端，严格来说，应该把四个边都固定住，把它粘住也好，拿铝框把它约束住也好，这是一种可靠方法。

如果为了美观，非要做隐框，那么除了四周打胶以外，玻璃底下还要有托架和固定挂钩，至少确保玻璃重力落在这个托件上，然后托件再带一个钩，至少将玻璃勾进一部分，当然这个钩比较小，在外面看不清楚。

所以对于玻璃幕墙，只要按照规范施工，设计的方案安全系数足够，做了这么多年没有问题。

玻璃幕墙坠落还有一点就是因为钢化玻璃自爆，这是钢化玻璃的固有缺陷，虽然自爆概率不会很大，但小颗粒高空坠落也能伤人伤物，为了不让小颗粒坠落，我们可以做夹层。汽车前风挡就是用塑料膜把玻璃夹起来的，汽车开这么快，前风挡被撞烂了，小颗粒不会飞溅。现在深圳、上海就规定玻璃幕墙要有夹层玻璃，安全问题就解决了。所以夹层钢化玻璃避免了钢化玻璃破裂坠落的风险。

此外，有人说玻璃幕墙不节能，热量都透过了，这个是错误的，现在技术可以让玻璃不透热只透光。

谈材说料：感谢您从地方政策、技术层面为我们解答了玻璃幕墙使用过程中的疑惑。那么再请您介绍下建筑物中 Low-E 玻璃选择的原则。

许武毅：这个我们应该分地区、分用途来说。

比如在南方地区，太阳进来的热量是主要危害，因为只用空调不用取暖，所以第一目标是把太阳热挡在室外，到了冬天没那么冷。北方是不是反过来了？夏天热不热？当然也热。那么问题来了，夏天把太阳热挡着，我们可以有这个技术，把太阳热全部给你屏蔽了，问题是冬天热量也进不来。那我要算一算，哪一个更合算。结果我们经过评估之后，认为作为住宅来讲，冬天把太阳热放进来为好，但是作为办公住宅，冬天热量也不要放进来。因为冬天虽然将热量放进来，有助于提高室内温度，但是到了夏天，我将花更多的空调费用来消除这个热量，因为住宅和公共建筑办公楼的使用功能不一样！

对于住宅，我们都是职业人，白天上班了不在家，太阳晒不晒与我无关。晚上回家，太阳落山了，开空调，就是你用它的时候，绝大多数时候太阳不存在。

可是办公楼呢，白天人们上班，太阳热量的影响大过冬天保温。在北京地区，包括联想这些写字楼，都说冬天应该晒太阳，你到联想写字楼去看一看，冬天没有一个人坐在玻璃跟前晒太阳，人们都躲在里面，还把窗帘还拉上，为什么？太热！刺眼！冬天我们稍微供一点暖，就能满足人们需求，这时候就不希望有过多的热量进来。老百姓家里不一样，因为老百姓家里随时可以开窗，热了窗一开，外面冷空气进来了。写字楼不能随便开窗，所以对于写字楼白天使用这个情况，就决定了太阳光照射的危害应作为主要方面。

所以说住宅和办公楼的需求不一样。在同样一个气候区，对于办公楼来讲要以遮阳为主，因为它的全年能耗中用于遮阳的损失更大，在春秋过渡季节，因为是白天使用，如果不挡太阳，就得开空调，但是住宅就不会，春秋过渡季节，热的话打开窗通通风就好了。办公楼的窗户一般不能开，即便开了，对流也不好，外面空气虽然冷，但是进不来，有的办公楼过渡季节里面很热，居然要开冷风。因为办公楼的密封性比较好，而且是在白天使用，既想人舒适，又想节能，必须把阳光热量挡在室外。

概括来讲，这就相当于我挣了多少钱，花了多少钱。冬天太阳进来算挣的钱，夏天太阳进来算花的钱，结果我发现我花的钱比挣的钱多，那就选择以遮阳为主。如果到了东北，夏季就一个月，白天无所谓，可是冬天太阳进来，如果保温好，我是不是挣的钱多？夏天天热，开窗通通风，开空调损失得也少，那就一定把太阳光放进来，住宅和办公楼就有这个差别。比如夏天，侧重于让太阳能就挡在外边，然后冬天又想让太阳光进来，都可以用 Low-E 玻璃，只不过它涉及 Low-E 玻璃的不同品种，Low-E 玻璃有一种高透热的，也有一种高透太阳热的，所有的红外线热量（人体、暖气发出的长波辐射）Low-E 玻璃统统可以反射。

许武毅先生与“谈材说料”编辑合影

（采访整理：杨娜）

庄虹：传统建筑与低碳建筑技术的认识及实践

庄虹：

北京理工大学设计与艺术学院教师，硕士生导师；

国务院发展研究中心绿色发展（领域）所属专家团队首席建筑师；

中国传统农区低碳建筑设计及规划研究项目负责人；

全球绿色增长研究所 (GGGI) 外聘生态建筑设计顾问；

北京琢木 (ZOMO) 环境艺术设计工作室及乡村绿色资源研发设计室负责人；

手工木作设计师及制作人。

谈材说料：**我们目之所及的建筑设计多数为更为先进、高端、时尚且价格高昂的精英设计，但是庄虹老师您所关注与践行的却是积极改善广大农村群众的家居环境，这让我们非常感动。您常说，工业化时代的到来在一定程度上掩盖了人类依靠自然力量设计房屋的智慧，请您举例谈谈您所发现的传统民居既神奇又科学的设计。**

庄虹：客观地说，人类造物在工业革命之前是更加依附于自然给予的条件而成立的。所以在这一漫长的历史时期内，人类积累了许多在自然中生存与生活的宝贵经验，其中蕴藏了相当多的人类智慧乃至生活哲学。这些构成了我们传统文化中最为核心的内容。在我负责的“中国传统农区低碳建筑规划与设计”的课题研究中，曾在湖北省石首市团山寺镇采集了建于五十年代后期的典型乡村民居的生态机能数据。这类的民居建筑还属于没有被工业技术干扰的原真形态（见图 1、图 2）。

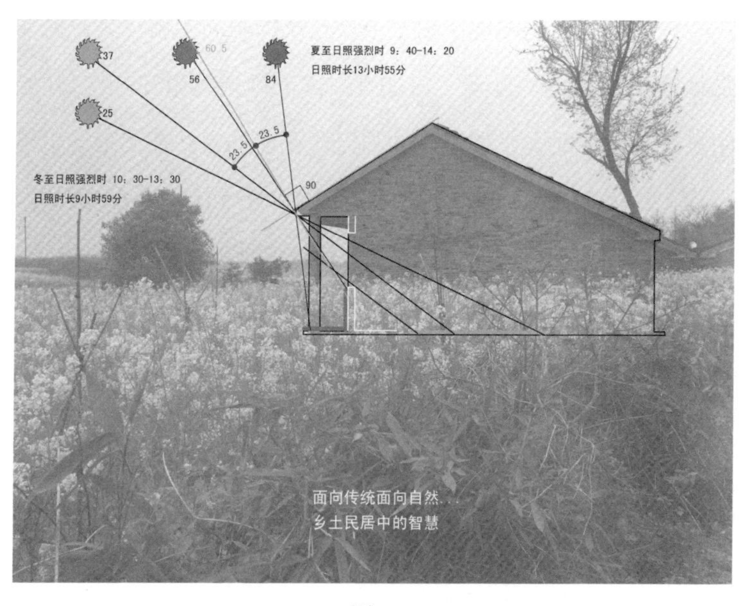
37
56
60.5
84
夏至日照强烈时 9：40-14：20
日照时长13小时55分
25
23.5
23.5
冬至日照强烈时 10：30-13：30
日照时长9小时59分
90
面向传统面向自然…
乡土民居中的智慧

图 1

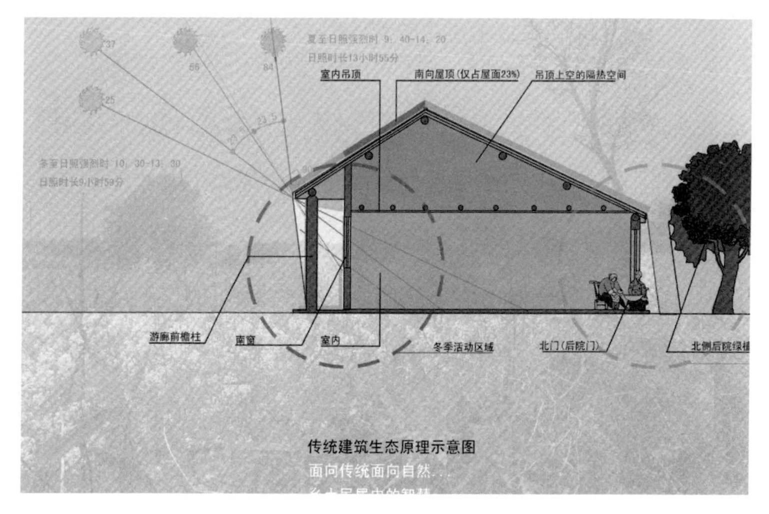
夏至日照强烈时 9：40-14：20
日照时长13小时55分
室内吊顶
南向屋顶（仅占屋面23%）
吊顶上空的隔热空间
冬至日照强烈时 10：30-13：30
日照时长9小时59分
游廊前檐柱
南窗
室内
冬季活动区域
北门（后院门）
北侧后院绿植
传统建筑生态原理示意图
面向传统面向自然…

图 2

在研究中我们发现，图 1 中该建筑的南向挑檐及其开窗非常精准地在当地“夏至”日的 9：40（日光射角 56 度，开始明显影响室温时），将炽热的阳光挡在窗外，并在太阳升至最高点（日光射角 84 度，阳光最强时）时，将阳光挡在南向游廊之外。而如图 1 所示，在“冬至”这天，阳光（日光射角 37 度）则完全可以照入室内。而南向坡屋顶形线则与夏至、冬至日光射角的中间线 (60.5 度) 成 90 度。显然这样的民居建筑在其核心形态上是完全依顺自然给予的条件形成的，且在其形态生成理念上也是十分科学的。

但在我们进入了工业时代后，以获得效率为技术原则的现代技术使人们获得了另外一种非自然观的造物理念，现代建筑及其建造者们在所谓现代技术支持下，获得了前所未有的“自由”与“自信”，人们开始凭借现代工业技术越来越远离了自然环境对他们的要求，渐以技术带领人们脱离了自然的“束缚”，并建立起了以工业技术环境为基础的评价体系（以效率为核心的评价体系）。由此人们开始忽视自然条件与环境的存在，不自觉地走向了自然所指引方向的反面……现代的工业化建筑以能耗和损害环境作为代价换取的“效率”优势，从人类发展的长远利益上看并非就是正能量的；可以说，与加入了先人智慧、迎合自然条件而建造的传统建筑相比，现代建筑的质量并非有太多优势可言。在现代工业技术条件的大多数建造案例中，“效率”是站在了“质量”的对立面的。

而这种工业化建筑的劣势尤其突出地表现在自然环境条件突显的乡村，因为当工业化建筑的效率优势不能充分发挥时，它摆脱自然条件后的技术形态显示出了十分尴尬的状态(见图3)。

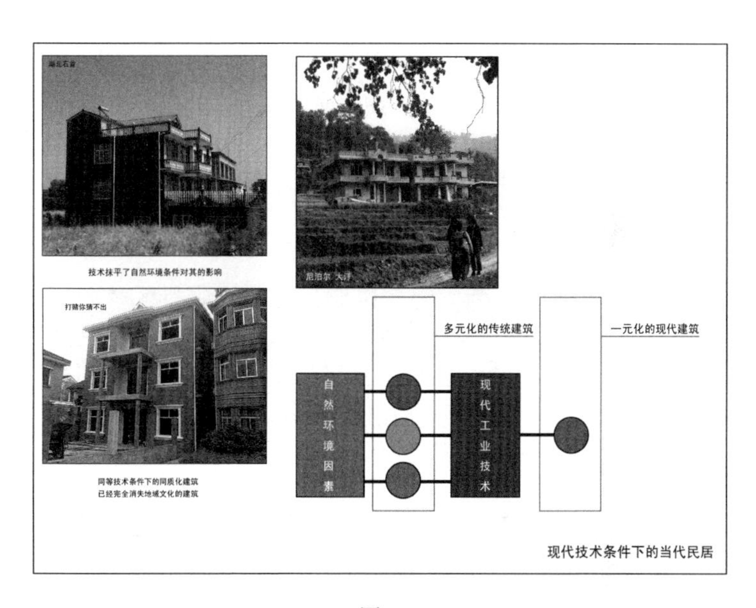

图3

图3中能看出这类建筑在拒绝自然环境条件提供的“养分”，独立凭借现代技术条件（比如空调）走向全球建筑的同质化和一元化(左上，湖北石首；左下，来自网络，地址不详；右上，尼泊尔加德满都远郊大汀村)。

综上所述，人类的造物技术应该为人类的智慧和光辉思想服务，而非技术本身，我们更不应该被技术所控制和奴役。我们的建筑应该是更具人类智慧与崇高境界的，我们所主张的低碳或生态建筑就是朝着这个方向探索的事物。

谈材说料：得知您正在推进中国传统农区低碳建筑设计及规划研究项目，做了很多充分利用自然的力量、应用当地低廉材料改善人居环境的事情，我们认为很有积极意义，请您利用图文结合的方式为我们展示一下。

庄虹：我们的低碳建筑研究与设计工作是建立在“中国传统农区生态农业发展”这个大课题下的。发展生态农业的前提是以环境资源的优质为优势，以质量提升为先导的核心思想让我们重新选择了以自然角度去看待问题。现代技术条件在我们的项目里并不是影响建筑形态的重要因素（见图 4、图 5）。

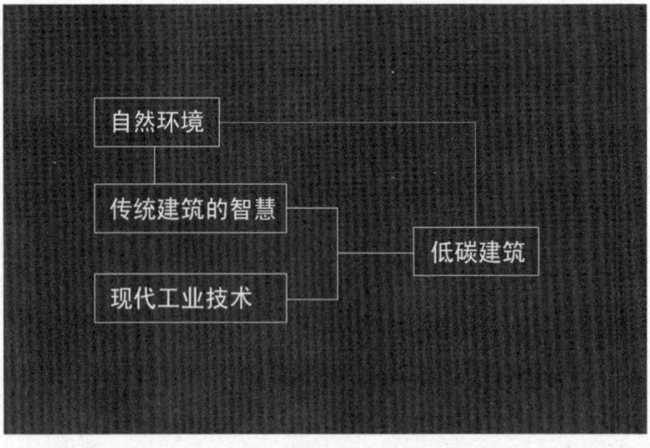

图 4

低碳建筑首先是在认识层面的一个结果，之后才会自然导出其技术轮廓和技术设想。低碳建筑是我们这个时代的人们重新面对自然，面对传统和面对自己的新的探索。

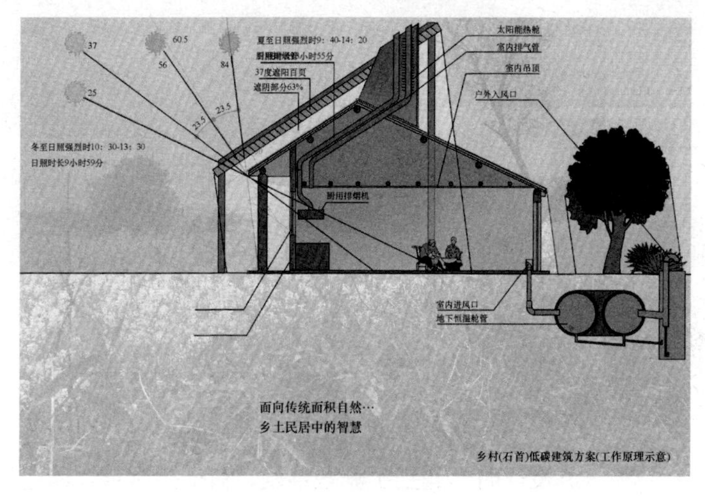

图 5

在新的方案里，传统建筑蕴藏的生态机能及原理被充分继承与发挥运用。而现代技术中的建筑密闭技术（门窗）、钢构架技术及其太阳热能的利用都在其合理的位置发挥着其技术作用。图 5 是我们在传统民居建筑的空间基础上做出的进一步改造与提升质量的方案，关键词是：低碳、环保、低成本、高舒适度。在完整的建筑方案中还包括它独立的生态排污处理系统。

图 6 表明，有机建筑利用风的作用，使周围生态系统机能运行起来，而使房屋达到了冬暖夏凉的效果。可以说，有机建筑是低碳建筑的一个分向研究内容。

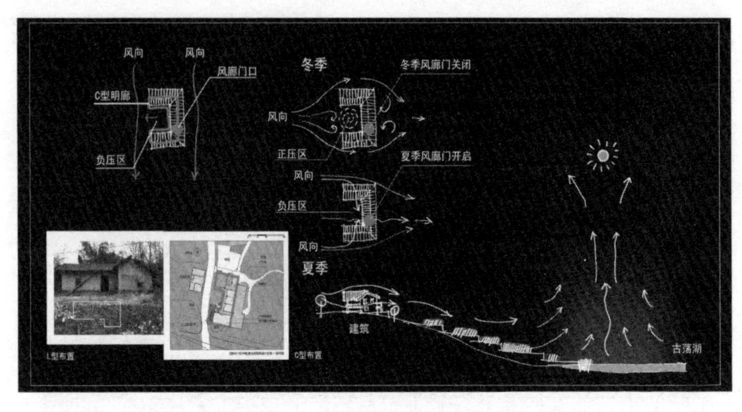

图 6

谈材说料：您作为国务院发展研究中心绿色发展（领域）所属专家团队首席建筑师，在推进中国传统农区低碳建筑设计时，遇到了哪些难题，有什么诉求，请您告诉我们。

庄虹：我们在进行的项目研究和实践中所遇到的困难：

（1）观念的阻力

要让人们理解与接受生态、低碳建筑的作法。因为目前以市场经济为主导的观念依然会优先权衡效率，而非我们所畅导的“质量”。在这样的观念下，环境资源的优势与作用及其未来的利益往往会被人们忽视，更多地“改造与提升”项目都在完成表面的“任务”，从而进一步弱化了“科学性”这个低碳建筑的核心支柱。

（2）乡村相对高成本的困境

目前成熟的生态及智能技术成本过高，很难运用于相对贫穷的乡村地区。所以，需要有更加低廉的建筑密闭技术、保温材料、空气除湿技术、生物燃料技术及太阳能利用技术等来满足广大乡村低碳建筑的改造及其质量提升。

我们的需要：

（1）先进技术“下乡”需要易操作性和易学习性

由于乡村的建筑施工与建造队伍并非像城市那样专业化，具备长久的技术储备和对前沿技术的学习能力，加之其建筑的规模及体量限制，使他们对工业化技术优势的运用是非常有限的。所以需要我们的工业化“下乡”技术进一步集成化、模块化；提倡用最简约、优选的技术模式去服务乡村的智慧建筑。乡村建筑再也不应该是现代建筑最低端技术生产下的怪胎。

（2）需要研发乡村现有大量有机材料的运用技术

乡村存在大量的有机建造材料(如湖北地区的稻草、竹材、芦苇、棉花杆、油菜杆、莲蓬壳、干荷叶等)，但是并没有与现代工业技术结合起来得以很好地应用，期待能有把这类大存量、低成本的有机原材料在施工现场就可加工制成建筑材料的技术和设备，目的是可以就地取材，降低其运输及制造成本，如制成保温填充材料、轻质隔墙、隔温吊顶，遮阳板材等。

以上是我们在乡村低碳建筑研究与设计中得到的点滴体会，十分期望能借贵平台与各方面的专家与学者交流。深感对这个世界认知的有限，故以为多元的认知角度与技术体系是十分重要的。让我们共同为这个多姿多彩的世界走向更加光明和健康而努力！

在此，再次感谢您们对于这个正处于当代建筑研究前沿的事物给予热忱的支持与关注！也相信贵平台能对中国的低碳建筑发展做出非常重要的贡献！

庄虹教授与“谈材说料”负责人合影

（采访整理：王天恒）

徐锋：建筑师眼中的建筑节能

徐锋，1964年生于昆明，1985年毕业于重庆建筑工程学院建筑系建筑学专业，同年分配至云南省设计院工作至今；云南省设计院集团原总建筑师，现为集团建筑专业委员会主任；教授级高级建筑师、国家一级注册建筑师、云南省工程勘察设计大师、中国建筑学会"当代中国百名建筑师"；住房城乡建设部建筑设计标准化技术委员会委员、中国建筑学会资深会员、中国建筑学会建筑师分会理事、香港建筑师学会会员资格、中国 APEC 建筑师；云南省建筑节能协会会长、云南省土木建筑学会副理事长；重庆大学建筑城规学院硕士生导师、昆明理工大学客座教授与硕士生导师；《云南建筑》杂志社主编，《建筑技艺》《建筑＆艺术》《中国建筑文化遗产》《中国住宅设施》等杂志社编委会编委。

谈材说料：请您谈谈对"建筑节能从建筑师做起"这句话的理解。

徐锋：建筑节能并不是某一个专业或者是某一个环节的事情。建筑师就像是房屋建造的"指挥者"，作为建筑设计的龙头专业，建筑师对建筑节能的关注和观点的渗入是自始至终的，节能层面的设计理念是从始至终贯穿整个建造过程的。

设计初期，建筑如何利用自然气候、建筑使用功能与气候的关系、建筑与地形的有机结合，充分地进行因地制宜的设计与建造，都是需要建筑师在设计的初期进行思考的，并且需要贯穿整个设计与建造的全过程。设计先于建造，节能也要预先规划，建筑节能应该是绿色建筑的设计与营造，所以建筑节能恰恰应该要从建筑设计的龙头——建筑师做起。

谈材说料：建筑师致力于建筑节能的规划设计都体现在哪些重要节点？

徐锋：节能在建筑层面上分为主动式节能和被动式节能两种。

其实，节能所包括的可持续、可再生、零碳消耗等等这些内容，反映了人和自然之间的和谐与共存。

建筑节能的关键是人与自然之间一种和谐的关系，包括了气候、采光、遮阳、选址、充分利用当地材料等。也就是说，在设计与建造的全过程中，与自然界接触的环节，都要充分考虑人与自然的和谐，而不是在建造完成之后，为了节能而进行的技术弥补。从另一个角度看，原生态的理念也是建筑师需要模仿或者是推崇的，要向大自然学习，向民间智慧学习。

南洋机工抗战纪念馆

谈材说料：请您谈谈在云南温和地区的建筑节能设计有何特殊性？

徐锋：我国幅员辽阔，地形复杂，各地由于纬度、地势和地理条件的不同，气候差异也很悬殊。全国共分为五个气候分区，其中温和地区的 80% 以上面积集中在云南省。温和地区给人的印象是：夏无酷暑，冬无严寒，气候宜人……似乎与建筑节能不相干，其实并不是这样的。

温和地区与其他气候地区的不同，不仅在气温变化上，还有其他的差异，比如日照充沛，特别是北回归线附近地区，四季如春。其实，温和地区的建筑节能也是不可忽视的。根据长期在云南地区做设计工作的实践经验，温和地区建筑设计在节能方面不能忽视当地的自然条件。以昆明为例，由于海拔高、日照充沛，建筑辐射热很高，遮阳的设计对于建筑节能有很重要的意义。另外，充足的日照促进了可再生能源的利用，太阳能热水系统、太阳能光伏发电等等也是云南地区不可忽视的建筑节能的手段。

另外，云南地区地处地震多发地带，建筑减隔震技术的利用也是建筑节能的一种方式，常用因地制宜的技术手段。通过减隔震的设计，不仅保证了高纬度地区建筑的安全，还大大节约了建造成本，节约材料，也是建筑节能的范畴。温和地区的建筑节能以被动式节能为主，侧重与自然和谐相处的建造模式。

昆明世界园艺博览会——温室

谈材说料：现代建筑有诸多备受推崇的异形建筑，除保证结构安全之外，颇具现代感的异形建筑是如何实现建筑节能的？

徐锋：建筑的形态犹如城市生活一般多彩多姿，不拘于形式。无论何种形态的建筑，首先是为人们提供安全的建筑空间。有一些建筑有鲜明的风格，采取了比较复杂的形式，例如有的异形建筑外墙面积过大而不利于建筑节能，但也不排除建筑师在设计过程中于其他方面采取了节能设计手法，我们需要全面、综合地评价一座建筑是否节能。

在建筑设计中，建筑节能的设计原则是“被动节能为主，主动节能为辅”，无论主动还是被动，都需要因地制宜，与自然和谐共处，与当地的气候、地理条件相结合，充分利用当地的材料资源，在“实用、经济、绿色、美观”中选取一个最佳平衡点。

河口县体育中心

谈材说料：请问建筑师选择建筑材料的标准是什么？

徐锋：我想，每一位建筑师看到这个问题，首先想到的应该是安全。材料无论具有什么样的性能特点，安全性能是建筑师第一要考虑的因素。随着科技的发展，建筑材料的发展也是日新月异，建筑师选材的第二个标准，应该是从生态角度出发，考量材料的环保性能，是否可再生。很多传统建筑材料是依托对自然的无度索取和破坏而生产出来的，而这种破坏是不可逆的。第三，建筑师选择建材还会从经济层面加以考虑，毕竟城市建设是一个量大面广的事业。建筑材料特别是新型材料的应用，其经济性是不能被忽视的。

建筑师在选择建筑材料时，会考虑到很多因素，我个人认为，安全、环保和经济应当是我们首先要考量的。

昆明文化宫

谈材说料：您主张现代建筑适当减少模仿、回归传统，体现当地文化特色，请您向读者深入谈谈您的这个观点。

徐锋：在云南做建筑设计，背景跨度非常大，今天可能刚在河谷亚热带某民族聚居地区做完一个项目，明天的项目也许就是在高山寒带某民族聚居地了。在项目设计时间非常紧张的情况下，建筑师虽然有很多的想法和思考，但是关注点大多还局限于个体项目上面，因此整体的观念应该是备受关注的问题。近几年建筑设计也在探讨本质的回归，回过头想一想，这么多年都在拼命地追求，但是究竟什么才是我们想要追求的，这是首先需要明确的，那就是建筑本质理性的回归。最近我们很多项目的设计都在追求体现这一特质。

每次提到云南这个多元化的地区，大家就会联想到“原生态”，不能总是仅仅停留在展示古老的过去，应该跟随时代，在未来的状态中加入时间的概念。人们的生活方式、生活节奏随着时间的推移是在不断变化的。如果建筑无法围绕这种变化而变化的话，就将停滞不前。在云南，民族文化多样，建筑创作中考虑传统的例子也已经不少了，回想一下，我们究竟是遵循原生态的原则，还是用“美声”来唱“民族”的歌。我认为云南建筑师所走的路，应该是一条用先进的技术手段去延续地域文化的路。建筑师应该充分地运用传统工匠的智慧，无论现代的技术如何发展,传统工匠的方法是非常值得学习和借鉴的。

现在经常提到的生态、节能，很多项目是付出很大的代价，来达到所谓的节能，背离初衷，反而达不到预期的效果，而有些地区的一些传统低技术的方法，却可以达到很好的效果。比如云南很多落后地区，建筑的通风、采光、防潮以及太阳能的利用等等，可以说非常智慧。传统工匠的智慧也可以算作一种历史的积累，是非常值得学习的。

云南现代本土建筑创作的方向，应该按照本土的“情理”进行创作，“情理”指的是国情，也就是当地的经济、自然、人文等等，抛开所有（无论传统的，还是国外的）固有形式的追求和其他派生的东西，特别是莫名其妙的所谓的“创意”，植根于本土的传统地域文化，尊重自然、顺应自然、保护自然才是“地域建筑创作”的本质回归。

我们不能一直拿设计院的生存、产值问题作为托词，如果一味地强调这些，那么建筑师就失去了其存在的价值。建筑师这个职业可以说是很古老的，但是为什么明明拥有几千年的职业历史，还一定要随波逐流呢？中国改革开放已经 40 多年了，这个阶段已经不能仅仅停留在模仿上面了，通过近 40 年的当代地域建筑创作回顾，我想是否已经到了该反思一下我们接下来的建筑创作之路应该怎么走的问题了。

就像一位作家所说："人类生活是一条宽广的河流，河面上的礁岩、流水、浪花反映了不同的历史时间段，但是在时代浪潮的冲击下，人们往往陷入了迷途，从而忘记了水面下的石头。"

"崇自然、求实效、尚率直、善兼容"，作为一名长期"战斗"在云南的建筑师，"低技术"可能是一种被动的选择，但我更愿意把它当作一种主动的追求。

昆明文化宫

（采访整理：王天恒）

魏贺东：有长期入住的体验才能造出优质的被动房

魏贺东，中国国际门窗城总工程师。

河北奥润顺达窗业有限公司的总工程师；

全国建筑门窗幕墙标准化技术委员会 SAC/TC448 委员；

全国门窗幕墙技术专家组副秘书长；

中国被动式超低能耗建筑联盟副理事长；

中国被动式超低能耗建筑技术创新联盟理事；

中国被动窗产业联盟秘书长；

国家“十三五”课题《近零能耗建筑技术体系及关键技术开发》项目课题负责人；

《被动式低能耗建筑透明部分用玻璃》（HB 002-2014）的参编人；

谈材说料：请魏总介绍一下门窗在建筑节能中的关键作用。

魏贺东：对于一座建筑来说，围护结构就是墙和窗户。为什么说建筑节能中门窗是关键呢？这句话不是说出来的，而是时间证明的，数据计算出来的。在建筑围护结构中，墙是混凝土材料，几乎很少透气，透气的位置仅是施工的孔洞，如穿墙管等。因此，建筑中大部分是通过门窗来透气，或者说能量流失处在门窗的位置。我们可以用下面的数据来对比一下，例如我国的被动房要求墙的传热系数是 0.15W/（m^2·K）、门窗传热系数是 1W/（m^2·K），欧洲的门窗要求传热系数是 0.8W/（m^2·K）。从这组数据上分析，1m^2 窗的散热量相当于 6 ~ 7m^2 墙的散热量。现在的建筑多是大开窗，通透性高，门窗占建筑围护结构面积超过了 20%，甚至达到 30%。从两组数据来看，门窗的散热是墙散热的 5 倍，门窗所占的面积超过墙面积的 1/5，这样计算一下，门窗和墙的散热比例相当于各占一半，甚至节能建筑中门窗所流失的能耗要占总能耗一半以上。这仅仅是从散热的角度来对比，如果考虑到门窗的气密性，那问题就更严重了。此外，门窗还有气密性的问题，通过空气流动会散热，如果气密性不好，跑风漏气还会散失一部分热量，所以说门窗的散热能达到建筑围护结构散热的 50% 以上，因此建筑节能关键点应该从门窗入手。

现在国内的建筑面积是按投影面积计算，外墙也要被计入建筑面积中，如果外墙太厚，室内面积必然减少。最近有消息称，新的住宅规范要按净得面积，即使用面积来计算。从成本上来看，如果既想发展被动房，又想按室内净得面积来算，那么外墙的厚度肯定要合适。因为无论是按净得面积计算，还是按建筑面积计算，成本都是一样的。如果按净得面积来算，房价自然要提升。因为现在房价的制定方法是开发商按成本均摊到整体面积来计算的。用户买了 120m^2 净得面积的房子，实际上开发商要按照 140 ~ 150m^2 的建筑面积来计算。由此外墙厚度基本已经固定，混凝土加外保温，不能太厚，不过我觉得未来外墙的发展方向之一应该是研究超薄型的保温材料。目前气凝胶或者真空绝热板的造价太高。这样看来，门窗的重要性更为凸显。

谈材说料：请问被动房气密性的关键节点在哪儿?

魏贺东：我们住的房子，尤其是被动房，对气密性有着严格的要求。如果密封太好的情况下，会带来另外一个问题——

新风量如何解决？这也是一对矛盾体，所以我们需要靠加装能源环境一体机（俗称新风系统）来解决被动房的呼吸问题。

新风可以分为若干种，最普通的新风就相当于一个排放扇、换气扇，外边新鲜的空气进来了，也把PM2.5、潮湿的空气引进室内，这又带来另外一个结果。人们为了解决这问题，加上过滤器，PM2.5有一定的缓解，但是对于新风协同来说，加大了耗电量，更要经常更换滤芯，这都是一对矛盾体。还有一个重要问题，能量损失如何解决？安装新风之后，寒冷的冬天房间内的热气都跑了，加剧能耗的消耗，这是一个新问题。如何解决既换新风，又能过滤PM2.5，还不损失能量，在这样的要求下我们研究了热交换芯。在能源供给系统里，新风最核心的就是热交换，最贵的也就是热交换芯。冬天，室内的空气比室外暖和，把室内的空气排出去的同时把热量传递给进来的冷风，只需要能量的流动不需要实质性的接触。有的人不明白，为什么没有接触还能进行热交换。其实这就像两个人握手一样，你手凉我手热，血液并没有互换，握手的同时，热从我的手上传到你手上，这是一个典型的热交换。新风里热交换芯越薄、导热速度越快、接触面积越大，热交换效率就会越高。

在新风系统中，因为空气污染的问题，要加过滤芯；因为热损失的问题，要加热交换芯。除此之外，还有湿度的问题。在室内室外互换空气的时候，除了能量流失，另外湿度也会变化。冬天外空气很干燥，随着空气的交换，房间里湿度也会产生变化。如果单独购买加湿器，除了增加了费用，加湿器中的水一直循环，也容易带来病菌污染的问题。所以说，科技是一步一步向前发展，解决了某一个问题以后，可能会带来意想不到的另外一个问题，这是一个阶梯式的螺旋发展。

有好多人不理解，总认为加了新风就足够了，但是新风分为若干个级别，最便宜的新风 3000 元左右，安装上之后会发现房间里一会儿热了、一会儿冷了，PM2.5 的指标也不合适。好的产品是把各种功能都集中在一个机器上，相当于空调、暖气和新风集成一体。

热交换材料首先要达到能换热，其次是湿度的问题，湿度又分两个情况，夏天除湿和冬天加湿，这需要高质量的滤芯，就像皮肤，既能换热，又能透气，还能出汗，这种材料才是最佳的，所以说热交换系统里核心的热交换芯，是需要去研究的。因为空气分子和水分子的大小是不同的，怎么利用湿度差做到防水透气和防水隔汽，夏天室外的湿气进不到室内，冬天室内的湿气不出去。

我们的这套技术不能说是世界上最先进的，但是相对来说，在国内还是比较先进的，整套系统的集成度比较高，加上可以实现软件的分户控制功能，更节能，更精准。

谈材说料：您经常去德国参与被动房技术的交流，请您介绍一下德国被动房。

魏贺东：现阶段，任何一个技术在我国都不一定完全适合。我们所说的“最严格意义上的被动房”，是完全按德国的标准来做的，这是不对的。因为既要因地制宜，又要因时制宜，还要因人制宜。所谓最早最专业的德国被动房，它所处的地理位置不像我国东北那么寒冷，也不像我国南方那么潮湿，如果完全按照德国标准来做，不一定完全适合。例如，用我国的实际情况跟德国比较，德国的被动房是按照整体建筑作为一个围护结构来计算能耗，不考虑建筑内的分户分割房间，考虑单栋整体外墙外表面要做到一个保温层，室内三层隔墙不考虑，卧室和客厅之间、两个卧室之间或者两家住户之间，都不考虑。因为德国大部分都是单体别墅项目，一座别墅是一家人，商品房和高层建筑不是很多。还有一个问题，就是分户传热的问题。因为德国是按照整栋建筑外围护结构来计算的，室内分户不在考虑范围内，而我国就不一样。例如相邻两家，其中一家常年无人居住，另外一家能否保证冬天达到20℃很难预料。因为对于两家来说，隔墙是外墙，但又没有达到 0.15 W/（m^2·K）传热系数。如果其中一家达不到20℃，那是被动房的问题吗？所以说在我国一定要建造适合我国国情的被动房。

有好多企业宣称自己是“原装的德国技术”，听起来是成立，但是在被动房领域，我们要适合“中国国情”。第一，因为我们楼房的空置率高，又有一些“蹭暖器”的现象存在，现在有些楼房上下左右住户都交取暖费，就中间一家不交，房间内也不冷，这就是问题，如果都有这个想法，那热源从哪来？国外的整体建筑基本上都是小房子，被动房的英文是“passive house”，而不能叫做“passive building”，大房子很少。第二，房间内的地面也是一样，我们的地面要做10cm的挤塑板。一是考虑上下楼是否有住户，需要做保温，防止热量上下传递；二是隔声的问题。在这方面，国外也不考虑，仅仅考虑和空气接触的外表面，而且室内完全是自己家，以上问题基本不用考虑。第三，门是进入建筑物的入口，国外对门的气密性和保温性要求特别严格，它是建筑外表面的一部分，要同步达到外墙的性能。在我国达到这种技术特别难，且这种门特别贵，有防盗门的功能，保温效果好，气密性好，防火性能优异，这么多功能集中在一个门上，技术上很难达到。德国是单体建筑，且家庭成员不多，能够做到随手关门。我国的现状是多数小区的单元门天天开着，起不到应有的作用，达不到效果。另外，一幢楼里，入住时间不一样，装修时间也不一样，每天出入人群不一样，尤其在装修过程中，一会儿推水泥、推沙子，一会儿搬家具，甚至从交工起20年之内都会持续装修，单元门形同虚设。而德国对入户门不按被动房的要求考虑，而在我国入户门恰恰是需要常关闭的，所以我认为，我国的被动房门需要好好做，这也是德国和中国的被动房标准体系的矛盾。因此，我国不能完全复制德国的技术。

刚才介绍了“因地”“因时”，最关键还要“因人”。最早我国规定室内住宅温度不低于16℃，后来改为不低于18℃，被动房的室内温度要求20℃，这个温度是否适合也是因人而异。人的体感，男女不一样，小孩、老年人跟青年人也都不一样，所以被动房要有明确的能耗指标，而且要结合我国的实际情况来考虑。另外，生活习惯上，一要考虑到南方人和北方人的不同情况；二要考虑我国的厨房中有较多的煎炒烹炸。国外很少有油烟机，而我国的油烟机劲儿特别大，被动房的室内已经很密封了，怎样做到气压平衡，把烟气抽出去？这就涉及到补风。比如我们的被动房厨房的墙上会有补风排，每次开抽烟机自动打开。如果没有补风阀门，会造成气压不平衡，抽不动气，或者造成地漏往上反味儿。所以我认为，在我国建被动房，厨房要设计隔断门，开放式厨房不太适合我国。

我现在居住的被动房已经加上补风排，但是在使用过程中发现，做菜的时候空气流动大，会有气流集中地吹到肩膀。所以这些细节，不亲自使用永远体验不到，最合理的设计，一定是经过长期使用的，才能发现这些细节问题，适合的才是对的，先进的。

谈材说料：鉴于国家对被动房的高标准、严要求，优质的被动房采用了哪些新技术？

魏贺东：新技术是相对的。新风系统最早很简单，不需要考虑除霾、空气净化等，现在还要考虑提高热回收效率，研发高效的过滤芯，这都是新技术。门窗材料的耐久性也是新技术，被动房的外墙构件需要与建筑同寿命，这就包含了门窗。普通房子对于门窗的要求没有那么高，基本上门窗使用 12 年就可以换新的，门窗的定义是可以替换的结构性构件，但是现在对于被动房的门窗来说，要求更为严格，耐久性就是最大的绿色，如果耐久性不好，则既不节能也不环保，一拆一装是对材料巨大的浪费。

被动房对装修、对材料、对技术都提出了更高的要求，选择更为严格。对玻璃的选择，要求冬天能获得更多的太阳热量，夏天能更多地阻挡太阳的热量，这是矛盾的对立面。有了这些要求、这些矛盾，也就促进了门窗技术、玻璃技术、安装技术的发展。例如，安装技术中保温窗安在什么位置最合理？普通的楼房可能安装在墙的中间位置即可，但对于被动房需要通过大量的计算和实践找到节能性最好的位置。实践证明，原来的方法都是错误的，混凝土墙导热系数高，窗户安装在中间，则混凝土墙一半在室内，一半在室外，相当于混凝土墙有一半露在大气当中，散热快。这也解释了为什么传统的窗户发霉长毛的都是在窗户的四周位置（热桥）。冬天时室内窗户和墙角结合的部位，由于与室内的湿空气接触容易发霉。这个部位也是热量流失最多的，如果把窗户外移，混凝土墙都变成室内，这样不存在薄弱环节，相当于是把窗户和保温层对齐，是一个连续的结构，不存在连接点，解决了热桥效应。科学技术就是一点点进步的，我们解决了一个问题后，还会发现有新的问题。高层被动房的窗户很沉，如果发生火灾，保温层被烧坏，窗户容易直接掉落，所以要解决防火的问题、安全的问题、保温的问题，这些研究互相促进、互相发展。从理论上分析，节能性最高不一定是最佳状态，还要考虑到安全适用性、安装技术、成本等问题，找一个最佳结合点。所以说，最贵的不一定是最对的。

谈材说料：低层建筑、高层建筑、别墅洋房这几种建筑类型，哪种类型更容易实现被动房节能技术?

魏贺东：从总体来说，如果不考虑安全问题，高层建筑应该更容易实现被动房技术。因为要参考建筑的体形系数，指建筑物与室外大气接触的外表面积与其所包围体积的比值,一般来讲，体形系数越小对节能越有利。建筑的楼层越高，体形系数会越小，也就是说，暴露在室外的面积和体积比越小，散热越少，相对来说更容易实现节能。反观别墅被动房技术是最难实现的。别墅的外墙面积和体积比是最大的，墙和空气接触得多，要求更严格。

低层和高层保温层的厚度是一样的，从理论上讲高层建筑的保温层可以薄一些。高层建筑的保温层重点关注安全问题，普通住宅保温层 8cm，被动房需要做到 24cm。也不是说保温层厚了就容易脱落，重点还要看施工质量，只要保证施工质量，肯定就没问题。

谈材说料：请问被动房对建筑设计会提出什么要求呢？比如像扎哈·哈迪德天马行空的建筑设计，能否达到被动房效果呢？

魏贺东：这两方面还是有一点冲突的。被动房最容易实现的其实就是一个黑盒子，窗户越大越不容易实现。窗户是建筑围护结构最薄弱的环节，窗户越大越容易跑风漏气，能量损失越多。如果还想打造外观漂亮的建筑，对窗户的要求更为严格，质量就会更高，不是不能达到。从实现的角度来说，有一个性价比的问题。如果全用窗户做被动房的话，也可以实现。窗户做结构墙，传热系数要达到 0.15 W/（m^2·K），可以做到，就是太贵了。现在的玻璃幕墙面积很大，但传热系数约 2.0 W/（m^2·K），距离墙的传热系数还差了很多。不是不能做，需要付出高昂的代价。

被动房从实现的角度来说，应尽可能减少异形的情况，尽可能减少拐弯抹角的设计，最好是直墙光面，没有阳台，没有飘窗，外层仅有保温，这是最容易实现的。但是这样的建筑比较丑，所以尽可能地还要去考虑增加一些设计，但是不能过多。比如，被动房如果增加阳台，不要直接从外墙上打混凝土把阳台做出来，要在外墙做好后，附加钢结构的外墙支架，钢结构和结构墙之间不发生任何的接触，不产生热桥问题。这样，阳台是一个单独的结构体系，外边有钢结构支撑，都是位于室外，而且属于两套体系，跟结构墙没有关系，也不影响保温。

谈材说料：据了解，第 23 届被动房大会即将在贵公司举办，这是被动房大会第一次走出欧洲，是什么吸引了主办方最终决定在中国国际门窗城召开大会呢?

魏贺东：被动房的概念最早由沃尔夫冈·费斯特博士提出，用几项关键技术解决房屋的密封、隔声、保暖等问题，每年都会借助社会的力量、大学的力量、科研院所的力量来共同研讨，促进行业进步。被动房大会每次对举办地的选择，都是精挑细选，且有多方参与，不仅仅是可以组织论坛，还要有产业，能参观、能进工厂、能看施工样板等等。我们具备了所有举办被动房大会的条件，有会议室，有成熟的展览厅，有举办大会的经验，有产业基地，有示范区，而且还有别墅示范区、高层住宅示范区、学校示范区等等。另外我们自己生产被动房的各种关键材料，无论参观项目，还是研讨会议都能够提供合适的条件，所以最终第 23 届被动房大会决定在这里举办。被动房大会已经举办了 22 届，从没有走出过欧洲，日本东京、韩国首尔、新加坡都参与争夺过第 23 届世界被动房大会的举办地，但我们的条件最为优越。除了以上的优异条件，我们还有地理位置上的优势——京津冀核心区。我们和雄安新区的直线距离是17km，高碑店处于北京、天津、雄安新区三角区域内，未来京雄铁路和京雄高速都经过高碑店。雄安新区是未来的市场，是我国要打造的未来城市样板，是绿色、节能、环保的先锋城市。

另外，我们这里有在建的全球最大的被动房示范社区——列车新城项目，还有获得双认证的被动式被动式专家公寓楼，还有被动式超低能耗主题馆等可参观的示范项目。这些工程和示范项目也为举办第23届国际被动房大会增加了实际参观体验和学习的机会！

魏贺东总工与“谈材说料”团队合影

（采访整理：王天恒　王萌萌　张巍巍）